51 细节的力量

件你必须知道的职场小事

[日]FLANAGAN裕美子 著 贾耀平 译

民主与建设出版社

·北京·

前　言

大家好。

我曾在银行、证券公司等日企和外企担任过秘书，为那些在世界商业舞台上勇猛鏖战的公司主管们服务了二十多年。

作为行政秘书，既要服务好怪脾气的顶头上司，还要跟性格迥异的同事和客户打交道，不断处理像连续剧一样轮番上演的各种难题怪题，所以每天都得绷紧神经，荷枪实弹地投入工作。

也许有人会觉得"外企行政秘书"这个头衔十分的厉害，但其实并不是这样的。我刚开始工作的时候，曾因为职权骚扰而胃疼，压力过大而导致脱发，做错事经常被上司大声训斥。我常常会去电玩中心和击球练习场发泄压力。

在这种环境下，我常常会思考一个问题：

"反正无论怎么样都要上班，那我为什么不能每天轻轻松松地去上班呢？"

于是，我就不断尝试寻找能够让自己每天都能够愉快的工作方法。

在介绍这些方法之前，我想先说下自己对于"秘书"这份工作的理解。

秘书是一个能学会**"适用于任何职业的基础技能"**的工作。诚然，秘书平常看起来毫不起眼，像影子一样容易被忽略，实际上他们却是不可缺少的无名英雄。就像城堡的地基一样，地基一旦不稳定，城堡再怎么豪华气派也会有坍塌的危险。这些工作看起来平凡单调，却是推动公司运作的所有事务的基础。

那么，接下来我介绍下能在秘书工作中学到的几个具体的"基础技能"：

·总务·庶务处理能力（高效地完成所有办公业务）

· 计划部署能力（思考如何在最短时间拿出最好结果）

· 随机应变能力（冷静地应对随时出现的突发情况）

· 面面俱到的能力（除了高层外，也常常关注到公司的基层人员）

· 诚意款待的精神（在各种工作场合中都需要招待他人，应该自发地做好这方面的训练）

· 亲和力（为了服务上司和处理工作，要具备接待、应对所有人的亲和力）

· 社交技巧（掌握与公司内外各种人员打交道的必备社交能力和社交礼仪）

· 管理能力（在身经百战的上司身边近距离地观察他们的工作，学习他们待人处世、解决问题的方法）

　　秘书需要能够熟练地处理这些不同类型的工作，其中也有一条重要的规矩，那就是"上司的命令是绝对的，绝不可能对上司说NO"。即便自己觉得命令是强人所难，那也请平稳心态，试着说声"好的，我明白了"，接受所有工作，然后再想方设法实现上司的要求。其实，就是在这种不断动脑的过程中，不仅会让自己得到长足的进步，企业绩效和工作效率也会逐渐得到提升。

在本书中介绍的一些秘书的工作技巧，以及解决问题、消解工作压力的方法，相信一定会对你的工作有所帮助。掌握了这些基础技能，再加上你在自己岗位上的工作技巧，我相信你今后的工作一定会变得更加顺利。

然后，我们可以试着把工作当作是一个角色扮演类的游戏。我们每天会被系统分配不同的"任务"，要凭借自己的知识和经验去完成任务，最后通关游戏。如果你能从这个角度来看待每天的工作的话，那些自己觉得"难以完成"的工作就会变成一种有趣的挑战，心情也会变得轻松起来。

在一次游戏中获得的道具，收集起来就能够成为完成下一项工作的经验和想法。它会给我们带来知识的积累，增加自信心。

也许有人会怀疑"工作是让人值得期待的挑战吗？"但请你务必要尝试一下这些让工作"轻松的小窍门"。当在工作中遇上什么麻烦事时，就把它当作"游戏任务"。

游戏中的"任务"就是想方设法克服目前的困难，达到目的，完成历练。而这个目的就是在尽可能无压力的环境里完成**让上司、让自己都很满意的目标**。

同时，当我们把工作当成"游戏"时，就会觉得肩膀上的负担无形中变轻了，脑中不断地涌现出好想法。

也就是在意识上从"唉，我是被逼着去工作的"转换成"完成任务，通关游戏喽！"

以前一想起来就头痛的"问题解决"，虽然如今还是觉得棘手麻烦，却会发现自己已经学会开始将解决"麻烦"当作挑战游戏了。

希望你能把这本书当作一本角色扮演类游戏的攻略来阅读。同时，它也是我在秘书生涯中摸爬滚打，屡败屡战总结出来的经验，还是一本"让工作更轻松、让上司更满意的工作练习册"。

本书中除了一些精心挑选的秘书工作技巧外，还有很多从我个人的实际经历中获得的想法。我就是凭着这些方法，才在那些对自己和部下都有着高标准的怪兽级上司的手下存活到现在的。因此，我相信这些经过实际检验的方法绝对有效。

无论多么辛苦，多么困难，我们每天都要严肃认真地对待每一项工作。

对比与家人、朋友相处，我们会花几倍的时间工作。既然如此，就应该尽量减少烦恼和压力，完成能够获得认可和成就感的工作，这样才是最好的。

希望这本书，能够让更多的人带着愉悦的心情去面对每天的工作。

我相信，当你心里闪过想尝试一下的念头时，你已经在改变了！

目　录

1

掌握顺利完成工作的"基本技能"

01 说话术
让 5 岁小孩子也能听懂的表达技巧

想想看，是不是自己在和上司或是后辈说话时，在不知不觉中会夹杂英语单词和专业词汇，或者是时不时会使用同龄人才了解的词汇？

这时，你有没有留意对方的反应？对方是否会一脸焦急地问你："简单来说，到底是怎么一回事？"

我曾经跟随过一位上司，他在说话时总是秉持着"5 岁小孩儿都能听懂"的原则。无论和谁对话，他都不会想当然地认为别人能听懂全部内容。

例如，在介绍一些大家都明白的工作内容时，他也会加上一些说明，同时尽可能地避开专业词汇，甚至还会举出例子方便大家理解。

他也经常跟部下说"请把我当成 5 岁小孩儿来跟我谈工作"。

人总是会有错觉，认为自己理解的东西别人也一定可以理解。让我们先舍弃这个思维定势。

不管谈话的对象是谁，只要我们把他当作"5 岁小孩儿"，就会下意识地用"简单易懂的措辞"来向其解释问题。只要不断练习，你的沟通能力就能够得到显著提升。

关键在于说话时要注意"有耐心""简单易懂""紧扣要点"。刚开始时请务必每天尝试一次。

那些能立刻让对方听懂的对话内容会转化为工作成绩，这样它就会成为你的有力武器，和他人沟通时也不会出现障碍。

> **无论对方是谁，都要秉持着"有耐心·简单易懂·紧扣要点"的原则来展开对话。**

02 对话
有意识地以 YOU（你）为主语

"我很不擅长和别人谈话。我也不知道说什么才好，精神紧张，心怦怦地跳。如果遇到那种合不来的人，心情就更沉重了……"

职场上有很多人总是很发愁应该如何与同事或客户交流。

其实不用担心。我们又不是非要做"谈话高手"，没有必要强迫自己开口说话，其实最重要的是"倾听"。请尝试在谈话时集中精力"倾听"对方的话。

我曾经任职过的一家公司中，有一位上司总是被很多人围着谈这个谈那个。同事、部下等人会不间断地来找他。说得夸张点儿，他简直连喘口气的时间都没有。即便是刚返回办公室，还没有坐下，就又有人来找他说话了。

为什么大家都想找他说话呢？因为他是领导？不只是

这个原因。因为即便是在私下里也常常有很多朋友来找他聊天。

我观察了一段时间后发现了一件事：这位上司在和别人说话时常常会用到很多以 YOU（你）为主语的句子。

具体就是这样：

"你是怎么认为的？"

"这个想法真有你的风格。"

"你这个经历真有意思。"

一般来讲，人总是很喜欢和别人讲自己的事情。即便是不擅长讲自己的事的人也很喜欢让他人听听自己的意见，获得他人的认可，而这位上司恰好就是掌握了这一要点，所以大家都很喜欢找他聊天。

当别人主动来跟自己谈话聊天时，就相当于不断有信息主动涌进来，自然也能够收集大量的信息。

从对方口中获得信息的关键在于"认真倾听对方所说的话"。这是最重要的一点。

压抑住想要表达自己的想法的冲动，认真去听对方的意见。"你怎么认为？""如果是你会怎么办？"，像这样询问对方的兴趣点，**把谈话的主角让给对方**。

这样一来，不仅你说话的负担就减轻了不少，同时也能给对方带来一个好心情。

不过，一味地听别人讲话，有时也会觉得很痛苦。这时候你可以在某些地方做出相应的附和，或是抓住间隙提出问题，引导谈话的方向，等等，这也是一种倾听方式。

应该将倾听对方的话和自己说话的比例控制在 7∶3。

事前调查对方的情况，能够让谈话变得更加有趣。因为掌握对方的一些情况后，我们提出的问题也会更具有针对性。

同时，对方也会因为你事前的准备而觉得自己受到了重视，会更投入地谈话。这样也可以让谈话变得更加轻松。

> **将谈话的主角位置让给对方，有关工作的谈话也会变得轻松。**

03 失误
不怕麻烦，反复检查

"怎么回事！为什么犯这种错误！"

就算是像我这样经验丰富的秘书，也常常会被上司这样训斥。其实，人就是如此。越是告诫自己不要出错，不要出错，反而会因为紧张而不断犯错。结果被上司训斥得狗血喷头后，丧失自信心，心情也落到谷底……这简直就是"负面连锁反应"。如果不能立即调整好心态的话，甚至第二天上班也会感到厌烦。

但是，无论被训斥还是被批评，工作是不等人的。这时，我会反复对自己讲以下 4 点：

1. 重新调整日程，分配好时间再开始工作。

2. 制作"清单"，避免失误。

3. 必须要做到"检查三次"。

4. 即使失败也不要感到沮丧。

第一点就是在开始一天的工作前，首先确认自己的工作安排，分配每一项工作的大致时间，把握工作进度。如果后面出现因时间紧张而匆忙完成工作这种情况，也会容易发生错误。因此，合理分配时间十分重要。

第二点的"清单"，就是在纸上罗列出自己在平时工作中容易出现的失误。利用清单，筛选出自己遗漏的问题或是重复犯的错误，等等。虽然我们想要尽量避免犯错，但很多时候很难做到这一点。这时，我们就要利用清单，消灭错误。

第三点的"检查三次"。比如你要提交给上司一份重要文件。首先应该大致浏览一遍，检查内容。第二次要再多花一点时间阅读细节的部分，使用手或笔逐行逐句地阅读，也可以读出声音来检查。

第三次检查之前，先放置个 3~5 分钟去做"其他工作"，然后再进行最终的检查。这里说的"其他工作"可以是打电话，回复邮件或是和其他同事交谈，等等。

搁置一段时间的优点是可以暂时和需要确认的内容分

离开，然后从全新的角度去检查内容。这样就能在第三次检查中发现前两次没有发现的小问题。

也许你会觉得时间紧张，无法做到一遍又一遍地检查。不过，一旦你养成"检查三次"的习惯，就会发现检查所花费的时间是非常少的。

有时，一个小错误会对工作整体造成很大的影响。同时也会因为这个小失误失去好不容易获得的上司和同事的信赖。

换句话说，这种看似"麻烦"的检查其实也是在保护自己。

最后一点也是最重要的第四项——不要感到沮丧。人总是在遭遇失败时就变得畏首畏尾。下一次遇到同样的问题，会因为过度紧张而出现更大的失误。因此，当你失败时，你可以这样对自己说：

"没关系，只是**工作上的失误罢了，又不会要命**。"

像这样，平复心情，调整状态，然后重新再来。

> **在任何时候都要做到"检查三次"。**

04 会议记录
会议笔记要做到可以直接演讲的程度

会议记录就是会议内容的归纳总结。虽然会议记录并不是正式文件，也不会给客户看，但有时需要给上司过目。

公司内部用的资料虽然简单，但是每一份会议记录中都会有你完成这份记录的印记。所谓"笔记可大可小，可轻可重"。

如果是工作能力十分出色的上司，他们只要翻一下会议记录就知道部下的工作能力。我想大部分人都觉得"上司怎么可能凭借笔记就做出判断呢？"其实，正是因为会议笔记很简单，所以才越是要花大力气去做好。你的会议笔记是否简明扼要地总结了要点？是否能让那些没有出席会议的人在读过后能够了解所有的会议内容？

最重要的是你在何种程度上把握了会议的内容，是否有认真参与会议。

为什么会这么说呢？因为如果你只是"大致"地做会议记录，也就代表了你只是"大致"地听下会议而已。

并不是只有能够做出十分显眼的事的人才能够获得上司的认可。从日常工作中踏踏实实的态度中也能获得上下级的信赖，获得很好的评价。

从现在开始，请你做好会议笔记，而且要达到能够直接用来做 PPT 讲演的程度。这样自己的工作才能提高一个层次，做笔记的能力也会有所提高，这样对自己的工作也会有更多的帮助。

不断地做好简单的会议笔记，积累大量的经验，以后参加重要的会议或制作文件时，也能制作出优秀的资料总结，让周围的人和上司都对你刮目相看。

所有人都会浏览会议记录，会议记录的作用就是要让没参加会议的人也能够明确整个会议的内容。提高会议记录的完成度的两个关键点是：

1. 将要点提炼成简短的关键词，简明扼要。

2. 尽量网罗会议中所有的重要信息，但要精减文字量。

请不要忘记，你的工作远比你想象的要重要。

> **越是简单的工作，上司就越会注意结果。**

05 统一处理
牢记"一心多用"是基础中的基础

据说从原始时期开始男性就不擅长同时处理多个任务。其实这只不过是因为男性没必要同时完成多个任务罢了。男性的能力主要体现在捕猎养家，抵御外敌入侵这些方面。

所以，男性并不是无法做到同时处理多个任务，而是没必要。其实男性也有能力完成多项任务。

为了完成多项工作，**首先最重要的是"眼观六路，耳听八方"。同时，"大脑保持 24 小时高速运转"**。要在平时的工作中养成观察周围情况的习惯。这样才能注意到有哪些工作还没有完成，以及遗漏工作，甚至还能提醒同事注意某些失误，增加帮助别人的工作的机会。尤其是注意到自己工作中的问题，能够提前把损失减少到最小。

另外，还应该充分利用上下班的通勤时间。例如，确认接待客户的酒店的地址、安排乘用车、思考如何推进下午的工作，等等，训练自己在工作时间内让大脑保持高速运转。

经常问自己："除了我目前负责的这个工作外还能做什么？"并养成这种习惯。

提高工作速度的窍门就是除了运转大脑外，还可以不断活动自己的手、脚，以及身体的其他部位。也就是说要把自己的全身心调动起来，全力以赴地工作。

就像人们跑马拉松想快速跑完全程时，会有意识地加快双腿摆动的频率。跟这个感觉相似，大脑和身体是相互联系的，应该让两者联动起来一起工作。

"一心多用"可以让你在各种情况下快速地完成工作。

例如，本来准备加班做的工作却以很快的速度提前完成，还能开始准备第二天的工作。这种人就会获得"能快速完成工作""有能力"这样的评价。

在工作中学到的同时处理多个任务的技能，也能为自

己的生活带来很大变化。一次性做完多项工作，腾出来
时间做自己的事，处理生活中的事也能做到游刃有余。

养成寻找是否还有我能完成的工作的习惯。

（06）预先准备
通勤时间也是当天工作的准备时间

关于如何利用上下班的通勤时间这件事，做到上班和下班时间做 180° 相反的事是最为理想的。下班就是放松的时间，放松自己工作中紧绷了一天的神经，做一些自己喜欢的事。

但是，上班则是一天工作的开始，是非常重要的准备时间。是否能够充分利用这个时间，会对当天的"工作效率"带来很大影响。

在早上的地铁或公交中有些人会选择打游戏、听音乐来打发通勤时间。不过针对不想因工作的失误而被上司训斥的人，我并不推荐这样的做法。

无论游戏如何好玩，还是应该选择在下班时间玩。上班途中先做好当天工作的准备。

首先是确认一天的工作日程。思考有哪些工作需要做，

依照什么样的顺序完成效率才会更高，是否遗漏了一些工作。

这时，用手机做记录可以避免出现遗漏。**能用手机接收邮件的人应该尽量在到公司前大致浏览一遍邮件的内容。**这样到公司后便可以着手应对邮件内的工作。

安排好当天的工作后，在脑中回忆一下是否有遗漏的工作。如果还有时间，可以浏览当天的新闻，了解国内外发生的事情。

不仅如此。地铁上的广告，别人正在读的报纸，等等，对我们有用的信息其实随处可见。即便是周围人的聊天内容可能也会为我们带来工作中的灵感。

请牢记：**获得的信息越多，对工作就越有帮助**。

通勤时间比较短的人可以早起 15 分钟来进行这个练习。

如果能够充分地利用通勤时间，会大大提高当天的工作质量。请尝试这个方法，相信你一定能亲身感受到它的效果。

> 早上的通勤时间就是用来准备当天的工作，并收集信息的时间。

07 惯性思维
工作状况瞬息万变，要抛掉"思维定势"

总是想着"我经常就是这样处理工作"，或是"某人就是这么说的"，其实是非常危险的。如果是第一次接触的工作，一定会有紧张感。但熟悉了的话，我们就不会太紧张了。也就是说在做"熟悉的"工作时出现了惯性，而惯性则会让人散漫。

如果工作上出现了变动，而惯性思维让我们依然是按照一般的方法去处理的话，一定会出现工作上的失误。

同样的，"那个人就是这么说的"也和"好像在哪儿读到过"一样，都是属于毫无根据的说法。就算上司真有这么说过，也要自己先去确认，这样出现糟糕的结果的话，也能够自保。

我有一个工作习惯就是"无论什么时候都必须亲自确认信息"。

实际上，这也是从很多次惨痛经历中得出的教训。想当然地认为"前辈都这么说过""总是关照我的人也这么说过"，自己却没有积极确认，到最后才知道这些信息其实是错误的。结果不用说，自然少不了上司的训斥。

无论这个人多厉害，他提供的信息也不一定都是正确的。正因为如此，在任何情况下都要做到"亲自确认信息"，自己对自己负责。

亲自确认信息并不是不相信别人、质疑别人。而是心怀感激地接受别人带来的信息，在这个基础上"为了自保，才要自己去确认"。

每天都要完成的工作其实并不是完全一成不变的。因此，要把每天的每一项工作当成"新的项目"来对待，无论多麻烦都要自己亲自确认。无论多么有自信也不要"过度自信"，要认真地调查所有相关信息。

在这个基础上，每天带着不一样的心态去观察工作情况和工作伙伴，充分把握工作状况，仔细分析后作出应对。只需要花一点时间做准备，工作效率就能得到大幅度的提升。

抛开思维定势，亲自确认工作信息，提高工作质量。

---

08 自我管理
身体是工作的本钱，要做好健康管理

我们经常会听到一句话：健康管理也是工作的一环。

但遗憾的是，能够做好健康管理的职场人其实并不多。虽然大家工作繁忙，免不了持续加班，但是在忙碌的工作中，我们也应该抽出时间照顾自己的身体。如果是侧重体力的工作，可以注意三餐的营养均衡，补充维生素，少烟少酒，勤漱口，勤洗手，等等。这些看起来像是教育小孩子，其实比起小孩子，大人才更要注意自己的身体。

举个例子：

小 A 和小 B 在同一个部门工作。有一天突然接到一个紧急的重要任务。每天需要加班完成项目，在巨大的压力下，大家逐渐开始烦躁起来，雪上加霜的是公司里有很多人都患上了感冒。

小 A 是平时会借助饮酒来减压的人。但是小 A 总是一拿起酒杯就刹不住车。他抱着"小喝一杯"的想法，喝两三杯停不下来了，在加班的这段时间也没改掉这个贪杯的毛病。而小 B 也十分爱喝酒。不过他考虑到自己的身体状况，以及同事们的感冒。他将减压方法就从喝酒改为做运动，而且经常漱口，在饮食上也注意营养均衡，保持身体健康。

最后，小 A 果然染上了感冒，在身体状况极差的情况下，工作上也出现了很多失误。而小 B 的自我管理起了效果，没有被传染感冒，全身心地投入到工作中。两个人谁能获得上司的好评，也就不言自明了。

追求效率的公司并不会在意你的身体状况，以及是否有精神压力。虽然这是一个残酷的事实，但是工作不等人。

换句话说，**只有那些认识到"自己的健康只有依靠自己来管理"的人才能获得工作上的成功。能够做好工作的人其实就是能够做好自我管理的人。**为了做好应对突发事件的准备，从平常就要开始好好"管理自己"。

"自我管理"就是"工作管理"。

09 保存记录
使用一切手段保留记录，关键时刻可以"保身"

日本人有"相信他人"的美德，但是换成工作上的"信赖"时，就要多想一步。凡事都要注意"保留记录"。

如果省略了这一步，仅仅是凭借长期的信赖关系，只做口头约定或是做绅士协定的话，有时候会得到惨痛的教训。当然，这不只是针对客户或同行，在与公司内部的上司、同事、部下等人打交道的场合也要牢记这一点。

刚开始的时候可能会觉得"怀疑他人会让我感到于心不安"，其实"对方是不是觉得我在怀疑他"这种担心完全是多余的。

专业人员总是会把注意力放在工作上，无论什么事情都会做记录。只要用真诚的态度、热情的笑容以及自信心，相信一定能够将自己真正的想法传达给对方。

如果对方当场拒绝记录，或是表现出犹豫不决的话，就预示着本次对话中一定有陷阱或者危险的地方，尤其是这种时候，更要仔细地做记录。

具体来说，可以这样做：

用邮件整理电话中商量的事情之后确认内容，做好记录备份。

收据、凭证等看起来可能用不上的文件资料也要复印备份。

外出时，用手机拍照片给自己邮箱做备份。这就是带有日期的"记录"。

重要场合可以使用手机的录音软件或是用录音笔。

给对方打电话委托转达信息时，或是外出预约时要问清楚对方的姓名。

我再次强调一遍，并不是因为不相信对方才会做这样的事，而是为了在出现突发状况时，保护自己、保护自己的工作。还有一个好处就是可以避免浪费时间。

比如说给负责人发传真时，而负责人恰巧外出，需要我们委托别人转交传真。当负责人返回办公室后，我们打电话过去却发现对方没有收到传真。这时如果你知道自己是委托了哪个人转交传真，那么就可以直接告诉对方："我拜托贵社的某某转交了"。对方也不用浪费时间去找传真，直接找那个人就可以了。

我私下里也养成了记笔记的习惯，而且这个习惯也发挥了很大的作用。希望你在平时的生活中也养成做记录的习惯，这样一定会给工作和生活带来很多帮助。

无论任何事情都要做好记录，这样可以减少工作中出现的问题，节约时间。

⑩ 避免疏忽
再小的工作也要当成重要的事去做

越是工作出色的人，也越是会注意细节。他们总是秉持着"交给自己的工作没有优劣之分"的原则，认真完成每项工作。

因为他们知道，没有什么工作是不重要的，低估工作的重要性一定会给自己带来大麻烦。

"你到底花了多少时间啊。这点儿工作，闭着眼都能做完。"三年前就进入公司的 K，在刚进公司的新人旁边这样说道。其实，平时 K 就觉得只有那些引人注目的重要工作才叫工作，其他都不值一提。他觉得自己有实力和能力，就应该被安排去做十分重要的工作，这种"自信"让他觉得交给他"普通"工作就是看不起他。

终于有一天，K 的工作出错了。错误就出在他经常说的"谁都能做的"Excel 的函数输入，而且这还是提交给客户的重要文件。更为讽刺的是，刚入职的员工在和他做相同的工作。这就是由于他过度自信，没有检查造成的后果。

结果自然少不了上司的训斥："最基础的工作你都做不好，以后还能交给你什么重要工作吗？"

上司的话并不是没有道理。连简单的工作都做不好的员工，还如何让他负责重要的工作呢？

无论你身处什么样的环境，"不会基本工作的人就等同于不会工作的人"，这个道理是共通的。人一旦骄傲自大，就会犯下大错。 K 就是因为疏忽才犯了严重的错误。

工作上的事不分大小，只有紧急程度的区别，但是所有事都很重要。忘记了这个道理，就有可能吃大亏。

为了避免发生不可挽回的错误，请认真对待每一个日常工作。

工作有缓急，但没有轻重。

⑪ 明天的准备
睡前反省一分钟，为明天的工作做准备

忙乱的一天终于结束了，我们下班时会长舒一口气。这时候一定要好好地奖励自己，表扬克服困难、努力工作的自己！可以去运动健身，和朋友逛街，或是在家悠闲自在地休息……总之下班就要换个好心情。

但是，当你休息好了，准备睡觉时，我有个小建议请你先听一听：

"请做好明天的战斗准备！"

"战斗"这个词听起来会稍微有点夸张，但是工作就是和自己的战斗。以游戏作比喻的话，就是挑战下一关。只要对自己说"好！明天也要努力战斗！"，你的心情马上就会不一样。

不管今天过得怎么样，明天你都有权利去翻开新的一页，回到起跑线，重新开始比赛。

因此，反省了一天的工作状态后，为自己加个油，再进入梦乡。

虽然这只是一件小事，但是能让第二天起床后的心情产生非常大的差别。

如果你在入睡前皱着眉头，想着："真讨厌啊，明天又得上班"。那么，在第二天该起床上班时，总会觉得心情不好，很多事情也没来由地感到不顺利。有时候会赶不上地铁，碰见让自己心情糟糕的人之类的。

在前一天告诉自己"明天我还要努力工作哦"，那些让人头痛的问题也会顺利解决。心情不好的话，问题依然是问题，烦恼依然是烦恼。

对今天发生的事情做个简单的回顾，给自己开个小型的反省会：自己努力获得的成果要好好表扬自己，然后明天会继续努力。在入睡前的一分钟为自己加个油，明天又会是新的一天。

"今天的结束"就是"明天的开始"。意识到这一点后，在工作上也会做到张弛有度了。

睡前的一个小习惯能够改变第二天的工作状态。

12 投诉
用"捧杀"对付故意找麻烦的人

　　每个公司都会有那么一两个人喜欢"找麻烦"。但是有时候因工作需要还不得不跟他打交道，最可怕的是如果这个人就是自己上司的话，真是太糟糕了……这个时候我们应该怎么做呢？

　　用正面攻击法直接对付他？或者直接无视他的存在？实际上，当遇见这种人时，很多人都是憋在心里不说出来，最后因为压力过大而直接去了医院。

　　但是，真是没必要。我现在就给大家介绍一种能够立刻实践的好方法。

　　那就是"**捧杀大作战**"。

　　说实话，赞扬自己讨厌的人确实不是一件容易的事。一旦他出现在我的视线范围里，我就会僵住，笑不出来。再加上如果是对方主动来找自己，脑中哪里会涌出什么夸奖赞美的词汇呢，克制不住的话可能就一拳挥过去了……
但是，你要先冷静下，平复心态，照我说的做。

　　如何对付像老鼠一样讨厌的课长？

　　当他早上嘟嘟囔囔地找你麻烦时，不用低声下气地说
抱歉，而是带着微笑地对他说一句：

　　"课长，感谢您的细心指导。我一定会按照您说的努力
工作！"

　　课长会觉得非常意外，同时也会停止找你麻烦。

　　下一个要对付的就是大家都避之不及的 X 女士。当她
开始鸡蛋里挑骨头时，你同样可以这样说：

　　"X 小姐，您连这种地方都能注意到，真是高手，太谢
谢你了，我会注意。"

　　听到你反应如此迅速，回答如此坦诚，X 女士一愣，
准备说的话也默默地咽回肚子里了。因为她找不到可以攻
击你的地方。

　　关键就是要做到两点：微笑着感谢对方，赞美对方。

为什么说这两点会有效呢？因为，那些喜欢找别人麻烦的人，同样对自己也有很大的不满。他们试图通过挖苦对方、贬低对方来抬高自己。也就是说，当他得到赞美时，自己的自尊心也相应地得到了满足。

同样，和聊不来的人聊天，只能越聊越累。可以假装自己投入地在听对方讲话。

另一点是**"不要回应对方的话"**。

因为，你越是认真回应，对方就越激动。

另外，作为职场修为较高的人，我建议你"试着听一下别人的牢骚"。有时候这些小怨言中也藏着很多对自己工作有帮助的信息。

不管是工作上喜欢挑毛病的同事，还是经常抱怨的客户，他们都可以成为提高自己工作技能的跳板。

> **在被挑毛病时别忘记"微笑和感谢"，这才是击退敌军的上上策。**

13 虚张声势
一定要实现工作中的"大话"

你知道吗？工作中的"大话"其实非常重要。

一般来说，工作中的说大话就是指"用强硬的态度压制对方"，或是"不懂装懂"。但这并不是积极意义上的做法。

但是，一旦你学会"怎么去说大话"，你的工作质量将会有很大提升。

"说大话"其实并不是让你去做一些不可能完成的工作。它不是说让你把一贫如洗的自己吹成亿万富翁，听不懂法语却说自己精通法语。这只是吹牛皮。

我所说的工作上的"说大话"是指说一些自己认为自己能胜任和完成的事情，尽管在当时那个时间点还无法自证，**依然放出豪言说"我能行！"**因此，在"说大话"之前，要正确地分析现状，判断自己是否真的有能力实现自己的"大话"。

假如你还是判断自己能够胜任工作，就大声说"放心交给我吧!",这才是真正的"说大话"。

这么做有很多好处:

1. 因为你充满自信地说出这句话,周围的人也会更加信赖你。

2. 沟通能力变强。

3. 做出成绩后得到周围人的好评。

但是有一点一定要牢记。**一旦你说过什么"大话",就一定要说到做到。**

一旦说出口,到最后,可不是简单一句"是我口误"就能推卸责任的。

即便是再怎么辛苦,加班到多晚,甚至住在公司,无论使用什么方法,都要实现自己说过的话。因为这关系到上司、同事对你的评价。

如果你能实现自己说过的话,这也一定会给你带来巨大的自信心。

"说大话"其实是获得高评价、增强自信的训练。

2

"调教"总是强人所难的怪物上司

01 预测
推测上司的行动，准备三个以上备用方案

我服务过一位怪物型上司。他自己本身就是非常出色的人，而且一旦有更好的方案出现，就会毫不犹豫地改变原定路线。我们这些部下为了跟上他的节奏，不得不拼命工作。

他常挂在嘴边的话就是"谁都无法让我感到满足"。我将辛辛苦苦做好的方案，绞尽脑汁想出的创意提交给他时，却立刻就被他抛出的意想不到的问题给砸得头晕目眩。再加上他咄咄逼人的眼神，配上一句怒吼："你这给我看的是什么东西？"我只好在心中说："活像一个黑社会"，迅速离开他的办公室。但是，紧张的工作让我没时间消沉，我必须抓紧时间揣摩上司的心思，思考他想怎么做。然后立刻提交出一个令他满意的方案。

对策一　仔细观察上司

我想每个人对于自己感兴趣的人，喜爱的人，总是会不由自主地追寻他的身影，竖起耳朵聆听他的声音。

"他喜欢吃咖喱饭""生日是几月几日""他的梦想居然是这个"，等等，这些信息随着深入观察而深刻地印在你的脑海中。

这就是对策之一。有些人可能不喜欢自己的上司，对他的事情也不感兴趣，那就把上司的脸当成是工资，请一定要尝试一下这个方法。

对策二　单机模拟游戏

观察一段时间后，你会发现有很多之前自己没有注意到的地方。比如上司的习惯、行为、喜好、思维方式，等等。了解这些事情之后就算成功了。下一步就可以用玩单机游戏一样的感觉来预测上司的下一步行动。这无非就是以玩游戏般的感觉来让工作变得更加愉快而已。

比如说，"当上司两手交叉支在办公桌上陷入深思状时，就说明发生了大问题""谁都不能对自己的命令说 NO，也就是说，部下必须千方百计地完成自己布置的任务""与客户开会的资料必须在前一天的上午之前提交""部下没有完整做背景调查就来汇报工作时，他会狠狠地责问"……可以基于这些观察结果多做"模拟"练习。下一次面临同样的情况时，就可以先一步推测出上司的想法。不过，上司是人而不是机器人，不一定每次都会采取同样的行动。所以，要解决问题时，就要多做"模拟"，多储备"模拟游戏"的结果来应对不同状况。

我还记得某个特别厉害的上司的故事。有一次，某个型号的手机十分抢手，发售日之前就几乎被一抢而空了。公司也是找了后门，好不容易预定了两部新款手机，但这两部手机是要给公司的一把手和二把手的。而我的上司也想买这款手机，但恐怕要等个一两个月才能够获得。但是，对于业务一线的人来说，获得最新型号的手机是相当重要的，而且我这个上司他大脑里面根本没有什么"公司的老大毕竟有优先权，还是再等等吧"这种想法。果不其然，知道这个事的上司开始吼："这不就是明摆着让我等一两个月吗！"

实际上我在得知这个消息时，已经知道上司会有什么反应了，我也四处打探了一下。销售部门说很难获得新手机，我就一个一个去尝试能想到的门路，甚至还想着如果还有测试用的手机的话，说不定还能追加一部呢。于是，我和厂家约定好要比官方能到手时间更早拿到货，而且，在拿到货之前，先把测试用的手机交给上司。

实际上，**这个上司"非常欣赏那些通过尝试各种方法努力去完成工作的部下"**，他认可我**"在当时做出了最大限度的努力"**，我成功地逃过了一劫。

如果能够预测出对方的下一步甚至再下一步动作，不管上司如何可怕，你的工作都会变得惊人的轻松。就像在讲演前，你要预估所有可能被问到的问题一样，提前预测上司下一步的动作或者事态的变化，准备多个"解决方案"，就能应对各种各样的突发情况。所以，请你首先在平常工作中养成准备三个解决方案的习惯。

"揣摩心思，预测行动"这个技能不光是对上司，还可以对其他人使用，比如重要客户、公司同事、朋友等。并且，在各种不同的场合都会发挥很大的作用。也不必将这个技能想得过于复杂，就用玩游戏的感觉来尝试，就能很快掌握这个技能。

我相信只要掌握这个技能你一定会获得上司的认可。

仔细观察上司的思维方式和习惯，多做模拟练习。

02 遵从命令
对上司说 NO 是职场大忌！
思考上司的本意并采取对策

　　面对那些给自己打分，决定自己的薪资，掌握着自己升职大权的上司，说 NO 无疑是自取灭亡式的行为。其实，除了说出 NO 之外，同样还有"面露不悦"或是"沉默"。

　　你绝对是自愿来到现在的上司手下工作的吧？没有人把你拖到他面前让你为他工作吧？所以这种觉悟还是要有的。只要上司的命令不触犯法律，不违背道德，就要绝对服从。即便是心中认为"我不行！我做不到"。也还是要"试一试"。

　　你试都没试过就说 NO，就等于是在开战前直接举白旗。还没开始战斗，就否定自己的战斗能力，也可以说是在自己给自己抹黑。

　　请你回想下自己在面试的时候，在众多想挤进公司的面试者中，你被这个公司的上司"选中"，才能够获得现在的工作。你之所以被"选中"，就相当于自己"胜任工作"的这个潜质得到了对方的认同。因此，你要相信自己的能力，做自己应该做的事。

在这里重要的一点就是不能仅仅从字面意思去理解上司的命令。比如说上司说："让时间倒流！"你也并没有时空穿梭机，实际上上司也知道时间无法倒流。

但是，你如果说"我不会"，就是吃了张红牌。所以首先要平稳心态，集中注意力，观察上司真正的目的。

要想得知上司真正的意图，就要学会转换视角。也就是说先把注意力从眼前的问题撤出来，转换看待问题的角度。

比如说，刚刚上司的"让时间倒流"的命令的真正意图其实就是"回到之前的状态"。只要了解这一点，就不必紧抓着"时间"问题不放了。后面只需要尽全力满足上司，拿出接近完美的结果，完成上司交代的任务。

这里说一下我的某一位任性的上司提出的任性要求。

某一天，办公室突然响起了他的吼声：

"我现在马上要和 S 谈话，给他打电话！"

他口中的 S 正好这个时候出差，现在在飞机上。他这么说就是让我们给飞机上的 S 打电话。等我把 S 正在坐飞机告诉他时，他就反问："所以呢？马上想办法联系他！"他的理由只有一个——有工作要谈。上司说"必须"，秘书就要竭尽全力满足这个需求。

离 S 下飞机还有几个小时，又不能给在飞机上的他打电话。但是如果直接对上司说"请再等几个小时吧"，肯定会听到上司如雷鸣一般的怒吼。

这个时候就需要"转换视角"了。"现在马上给我联络 S"，绝不可能是因为上司想要和 S 闲聊才说出这个命令。

也就是说上司其实需要的是 S 所掌握的某个信息。换句话说，**即便现在联络不到 S，只要获得这个信息，就能满足上司的需要。**

这就是"转换视角"。先放下眼前的问题，改变角度后再采取行动。

"转换视角"后，我先向上司确认他需要的信息，然后再去找有没有其他人也有这个资料，后来我知道伦敦分公司的同事也有这个资料。虽然那时伦敦还是清晨，但是为了上司，我打通了伦敦分公司的同事的电话，一边道歉，一边安排他尽早把必要信息发送到总公司。

同时，我还要告诉S上司想和他谈话这件事，因为后面可能还需要S做补充说明。

为了S下飞机后上司能和他及时取得联络，我给S发送了邮件，打电话留言，还通知到S的秘书。以防万一，我还和酒店联系，当S入住的时候由酒店前台通知到S。

然后，当我把伦敦分公司的同事发过来的文件交给上司，告诉他"已经安排妥当，S一下飞机马上就会联系您"，这一关就算顺利通过了。

"转换视角"最重要的就是无论上司说什么，不要马上断定"做不到"，从而下意识地停止思考。这样会让想出好点子的机会从手边溜走。后退一步，从全局思考上司的命令，摸清楚上司的本意，才能尽早地找到解决问题的突破口。

学会不说"NO"，不仅会得到上司的好评，也能提升自己应对难题的能力。

> **对上司说"NO"之前，先"转换视角"。**

03 上司的性格
与多疑型上司建立信赖关系，要做好
持久战的准备

不知道你是否遭遇过那种不会说出自己的想法，并且很难"接触"的上司？说句心里话，我很想避开这样麻烦的上司。不过，我们都清楚，假如在工作中一碰到难题就退缩的话，以后工作只会越来越难做。这个时候我们就要**下定决心来"驯服"上司这头怪兽。**

"驯服上司"或许听起来很不礼貌，但你要把这种上司当作"野生动物"。野生动物的警戒心非常大，他们不相信人类，看见诱饵，也不会轻易接近。要想驯服这种动物，大摇大摆地接近，不断地追逐纠缠并非良策。

只要能抓住窍门，上司其实也不是很难接触的。关键就是不能焦躁。

总之就是要花时间去了解上司。告诉自己"这就是持久战"，避免每日沮丧消沉，反应过度。在这个基础上再采取以下行动：

1. 仔细彻底观察，并理解上司。

2. 揣摩上司的心思，满足上司的需求。

3. 绝对不要犯错误。

反复练习并坚持一段时间。刚开始即便上司没有反应，你也不必放在心上。就像刚才所说一样，这是个持久战。

在这期间，如果上司能交给你某项任务的话，那就再好不过了。其实这就是"上司觉得可以尝试相信这个人"，想要试探你的征兆，就像野兽会小心翼翼地靠近诱饵，试探能不能吃，有没有危险一样。这是最需要鼓足干劲的阶段。因为这时候上司是在为你定义你的位置，绝对不能犯丝毫的失误。要向上司表明自己的忠诚心，还要证明自己是个有用的人。不要期待上司的任何褒奖，要自己判断自己的工作态度。因为也不会有人向野兽问是怎么看待自己的。

其实在努力取得上司信任的过程中，自己的工作能力也在提升。本来是为上司做的事情，反过来会对自身有好处，这就是双赢。

　　一般来讲，这种脾气的上司大多数都是非常有工作能力和领导能力的人，在他们的手下做事，一定会学到很多本领。

要用"驯服野生动物"的方法来对付不轻易相信他人的上司。

04 改变策略
自己的方案没被认同时，先退一步观察情况

是不是当你在非常确认自己的方案没错的时候，会不由自主地兴奋起来？我刚开始工作时就有过很多次这种经历。

当对自己的想法非常有自信时，自己就产生了一种把这种想法或者理念坚持到底的执念，就像野猪一样开始横冲直撞了。然而，对方的反应却十分勉强。

自己会感到不解"这么明确的事情，他为什么会不明白呢"。

这时候你就得改变策略了。如果多次提出方案依然得不到对方的回应，那么无论解释多少次，多么苦口婆心地说服，都不会有任何效果。

并且有时候对方就是铁了心不想听你的发言，要彻底拒绝你。

　　如果真到了这个地步，那可真是鸡飞蛋打，得不偿失。毕竟这是你的自信之作，又是对公司发展有很大贡献的项目，因此，想要实施这个方案，在提交自己的方案时一定要讲究策略。

　　多次提交方案后遭到反对时，可以先暂时搁置。并且，可以期待这个行动的效果。

　　举个例子，T 的前辈调离工作岗位了，T 就想要接手前辈之前负责的客户。他就整理了资料，表示自己接手后会提升公司的收益，然后把资料交给了上司。但是上司一句"你不成熟"就把他赶走了。T 并没有放弃，千方百计地和上司力荐这套方案，不断地向上司自荐。

　　但是，T 越是力荐这套方案，上司越是不答应他的请求。某天，T 的精力基本上耗尽了。"算了吧，浪费时间"，T 就把注意力转移到其他工作上了。

　　就这样本来每天都缠着上司的 T 突然就放手了，而上司这边却突然开始觉得身边"缺了点什么"。上司虽然按兵不动，但又默默地观察了 T 一段时间，T 依然是继续做着自己手边的工作，不再来缠上司了。

意外的是，上司开始重新认真地翻阅 T 提交的资料，准备给 T 一次机会。其实这就是 T 无意识下采取的"退一步"的策略。

虽然工作并不是处理人际关系，但是如果一方总是被另一方一味地纠缠，难免情绪上会不舒服。而那些坚持不动摇的人，其实只要被"晾一下"也会动摇的。

如果了解这些心理上的"欲擒故纵"的小窍门，无论是公司内外，我相信很多难办的事情都能顺利解决的。

> 一味纠缠并不会改变对方的态度，反而让对方更加顽固。这时可以先暂时退一步，再采取行动。

05 取悦上司
用"感谢＋赞赏"的措辞让上司保持好心情

上司也是人类，也会因各种事情而感到心情不好，向无辜的人发脾气也是常有的事情。对于秘书来说，这基本上就是日常，还自嘲"秘书就是上司的沙袋"。

但是说实话，我不想因为被上司毫无理由的脾气毁掉自己一天的好心情。

这里推荐一个"上司撩法"。可以想象成将缩小版的上司放在自己的手掌心上，并让他来回翻滚。这里最重要的是"心大"。

也就是说，要比坏脾气的上司更心宽体胖，这就是"上司撩法的要领"。

总结来说就是"不要过度在意"。在自己手心滚来滚去的小人，即便他再嘌怪，再黑脸，再撒泼胡闹，也只不过是"挠痒痒"而已。你如果也跟着他一起生气胡闹，那绝对是不理智的做法。反过来说，由着上司的心性，耐心听他说话，反而会带来很大的帮助。

即使这样说，在上司发脾气的时候也不能说出"你只是个小小人儿"这样的话。表面上你要绝对服从上司，因为上司从心底希望下属尊敬他。

因此，为了满足上司"希望被别人敬佩"的心理，你要不吝啬感谢和赞美的词汇去夸奖他。

赞美的时候，比起"我认为"，用"所有人都认为"来开头会更有效果。赞美上司的关键在于要"不露痕迹"。然后，要提前花点心思，给上司带来慰劳和惊喜。比如说看见上司工作劳累，就默默地端上一杯咖啡；上司要在下雨天外出，就提前准备好雨伞，或是叫好出租车。小事情处处皆有大学问，只要让上司觉得"舒服"的事情都可以尝试。

总之，一定要让上司心情愉快地工作。**因为上司的幸福就是部下的幸福，上司的成功也关系着部下的成功。**

让上司保持心情愉快的效果并不仅限于此。很多之前被他否定的方案，说不定趁着他心情不错，就会点头同意。

所以，他想发脾气就让他发吧，他想抱怨就让他抱怨吧。他所做的一切不过就是在你的手掌心里来回翻滚罢了。权当自己是"看小孩儿的保姆"，这样麻烦确实是麻烦了点儿，但是这小孩儿毕竟会给自己发工资。

> 学会了"上司撩法"，上司再怎么乱发脾气，自己也不会受影响了。

06 表达
抛掉"对方应该能明白"的"想当然"

"沟通很重要"。

大家在研修时可能会经常听到这句话。但事实上，只是单纯地接受老师的教授这种填鸭式教育中，我们并不知道"沟通"到底有多重要，以及如何做才叫"会沟通"。

请你观察周围的人，那些工作出色，与周边的人相处融洽的人基本都是积极表达自己的意见和想法的人。也就是说，这些善于沟通的人是有意识地去推动他人行动的人。

和上司打交道也同样如此。上司再怎么有能力，也不会读心术。所以就需要我们去"努力表达"自己。

我在刚工作时曾发生过这样的事情。有一天，早上起床后突然感觉蛀牙特别疼，我吃了药就出门上班了。在公司，我忍着痛工作，准备下班之后再去预约的牙医那里。可能因为止疼片的效果太好了，我的意识也有些模糊起来，注意力也变差了。强打起精神做事情，却不像平常那么注意周围的情况了。结果我就被上司叫到办公室。

"你知不知道你今天状态特别不好？我也不知道你发生了什么事情，不过连自己的情绪都控制不好的人怎么称得上是专业秘书呢！"

"我这么努力工作你还批评我？！"一瞬间，我的火气就窜到了头顶。感情像决堤的洪水一般一股脑儿地冲了出来，包括我牙疼得多厉害，我怎么努力忍痛工作之类的话都一股脑儿倒了出来。然后，一脸愕然的上司就说了下面这番话：

"你是小孩子吗？难道不是最开始就应该把自己的情况说明白？只顾着自我感动，连最关键的事情都忘得一干二净！如果牙疼，就应该说明我今天牙疼，所以要做这样的事情。说明清楚状况才是成年人的工作方式。"

这时候，我才真正地明白。"您说得对，我自己都没说牙痛，别人也不会清楚我的身体情况。"我认为的"认真地做好工作，下班后去看牙医，不想再给大家添麻烦"，不过就是上司口中的"自我感动的悲剧主角"的故事罢了。

我应该做的是提前和上司沟通，结合他的意见给出解决方案。对于上司来说，不在工作状态的秘书在办公桌前稀里糊涂地做着工作，还不如直接让他丢下工作去看医生比较好。

因为一件小事没有事先沟通，以至于变成大问题，给周围的人添了很多麻烦。

日本人的生活文化是感知氛围。而在日常生活的美德——"察言观色，考虑周全"却会让他们在职场上变成"疏于沟通"的人。

最危险的就是想当然地认为"别人都应该知道"。每个人都有各自的思维方式，就像一千个读者的眼中有一千个哈姆雷特。因此，认为别人能读懂自己的心思，就想当然地不去表达和诉说，这种想法是非常危险的。

当你感到"每个人都不能理解自己"时，其实是你自己没让大家明白你的想法而已。

工作的顺利从良好的沟通开始。

从此时此刻开始，无论是大事还是小事，请牢记"不表达，就无法传达"这句话，认真和他人沟通。

即使觉得对方已经理解自己的想法，也还是要再次确认。

如果有了好的想法，即便可能会被否定，也还是要说出来。

即使认为自己可以理解对方的想法，也要再询问并确认对方的看法。

刚开始不太顺利也没关系，只要有意识地主动沟通，相信一定会提高自己的沟通能力。

> **只要"努力表达自己"，自然会提高工作质量。**

07 时间
上司和客户的时间即是黄金

喋喋不休地解释说明，啰嗦冗长的演讲，只会让听众感到厌烦和焦躁，最后和你说一句："所以你要说的关键点是什么？"

这还不算什么，重要的是这些行为浪费了对方的宝贵时间。双方是在谈工作，并不是在和朋友或家人闲聊。上司或合作伙伴的"一分钟"会随着那冗长的说明而不断被浪费。

一位对时间要求十分严格的上司曾这样和我说过："我现在的一分钟价值一万日元，而你浪费了我 10 分钟，你要如何偿还我？"

那时，我在演讲的过程中，无法回答上司临时提出的问题，只能翻阅手头的资料结结巴巴地回应，浪费了不少时间。上司这样说，其实是在批评我浪费时间。

要把上司当成自己的客户。客户是给自己带来利益的主体，所以客户的宝贵时间就是金钱。浪费客户的时间就等于偷窃客户的金钱。因为那些被我们浪费掉的时间，上司完全可以将其利用起来为公司获取更大的利益，为公司做出更大的贡献。如上面那位上司说过的，我们是无法填补那些时间的。

在接触上司和客户时，要把对方的时间当作金钱来看待，绝不能有丝毫浪费。特别要注意以下几点：

1. 说话简洁，紧扣要点。

2. 说话前，预测对方的提问，提前做好准备。

3. 要牢记上司和客户的时间就是金钱，金钱的减少也就意味着自己的利益会下降。

养成珍惜别人的时间这种习惯，也会重新认识自己的时间。无论是在工作中还是生活中，珍惜时间这个习惯都会给我们带来很大的益处。

> **把上司和合作伙伴的时间当成金钱，并谨慎对待。**

08 不惧对手
对于给自己精神施压的上司，要建立心灵结界

我在刚毕业进入一家公司工作时，就遭遇了职权骚扰。因为是刚刚进入公司，我并不懂得保护自己，以为"这就是残酷的社会"，只能逼迫自己拼命工作来逃避。

在有一次的上班途中，我一下车就感到腿无法挪动了，甚至想如果不用来公司上班就好了。

在那之后，有天我突然才发现"原来我还有辞职这个选择"，随后就跳槽到了另外一家公司。这家公司中的一位前辈告诉我："其实你遭遇职权骚扰，你本人也有一定的责任。"

什么？我顿时火冒三丈，但还是忍住发火的冲动听前辈仔细说明，最后我也理解了他为什么会这样说。

我将他的话总结成了以下三点：

1. 对于对方的言辞或行为，一旦表现出怯懦畏缩，或是有回应你就输了。首先气势上不能输。

2. 无论对方说什么都不要在意，反正又不会杀了我。

3. 即使对方的职位再高，也和自己一样都是人类。

一旦表现出畏缩怯懦，对方就会更嚣张。最后自己不仅无法发挥实力，工作上还会出现很多不该犯的错误，简直是得不偿失！

在日常工作中无论受到什么威胁，都不会危及性命，也不会带来直接的人身危害。应该在内心设置一道看不见的隔离结界。即便表面看上去十分顺从，内心却断然不会让职权骚扰影响到工作，依然像平常一样发挥自己100%的实力去投入工作。

只要能够保持冷静，在内心默默地腹诽这种上司也是可以的。无论对方是地位多么高的人，也绝不能让这种"小人"封印你真正的实力。

> **无论遇见什么样的上司，也要堂堂正正与他打交道。**

09 理论武装
用"事实依据"和"理论依据"说服上司

"据说是这样？你调查过没有？有没有数据资料？"

对于那些头脑清晰、眼光犀利的上司来说，含糊不清的报告是行不通的。他们只相信有条理的逻辑和结论，以及有完整数据支撑的"事实"。更无法忍受别人对他说"我听说是这样"之类的道听途说的话。他们一句话就会把汇报工作的人问得哑口无言。

请代入自己来设想一下，假如你正在犹豫应该在 A 公司还是在 B 公司购买健康食品。

A 公司的广告看起来似乎有些普通，不过介绍了详细的成分，还附有研究所的实验数据。

而另一方面，B 公司的广告特别花哨，还罗列了很多匿名用户的使用感受。

那么你会选择哪家呢？

我想你会有很大几率选择广告很普通，但是有权威研究所实验数据，并且成分明确的 A 公司吧。

其实，面对上司也同样如此。为了说服上司就要拿出明确的事实数据作为证明。牢记数据要具体，避免模糊不清。

反过来说，**有想提供让上司理解的内容时，只要抓住"用具体数据说话"这一点**就够了。

收集到能获得所有人认可的证据或事实，并在这些基础上做出简洁明了、思路清晰的说明，最后一定能够得到上司的认可。

"我能说服自己吗？"

在向别人说明之前，先问问自己这个问题。只要牢记这一点，无论是上司还是客户，都会提高对你的评价。

> **胜负的关键就在于你是否能拿出让自己和让对方都能信服的"事实"和"数据"。**

10 评价标准
无法获得上司认可时，就要寻找自身的不足

没有人不想得到上司的认可。但是上司的"满意度"到底是指什么呢？刻意讨好上司？让上司哈哈大笑？其实这都不是让上司满意，不过是上司一时开心而已。

"让上司满意"，简单来说，就是尽全力投入工作，为公司做出贡献。

你的业绩有所提高的话，上司就会得到公司的褒奖。而支持上司的工作并能够帮助他提升业绩的人，上司也自然会从心里感谢他。即便是那些认为自己获得部下帮助是理所当然的上司也同样如此，他们也承认如果没有部下的帮助，自己会难以完成工作。

无论怎么说，只要你在工作上的成绩和贡献让上司或部门觉得这个工作非你不可，一旦没有你就会难以推进，

这样就足够了。并且工作的结果也会反映在上司对你的考核和评价标准上。

可能有些人会有这样的烦恼："我对于工作尽心尽力，觉得自己给公司做出了不少贡献，可是就是无法获得更多的认可。"

如果你不满意自己的考核得分，请一定要和上司、同事谈谈。开门见山地询问自己的不足之处并获得建议。你自己认为的上司的期待和实际的上司的期待可能并不一样。

千万不要歇斯底里地发脾气或是沉着脸听别人的意见。应该尽量保持冷静，这样上司或者同事才能更愿意说出自己的建议或意见。

"让别人愿意推心置腹地和你交流"其实是一条快速成长的最佳捷径。

如果没有你，上司会感到头疼，这其实就是做出贡献的证明。如果换个人也能够胜任你的工作，其实相当于你的贡献度并不高。

因此，即便是**相同的工作，也要尝试做出"非你不可"**

的努力。应该多观察整个部门的工作，多注意完善不足的部分，并以做好能够提升团队成绩的工作为目标，这样上司对你的满意程度才会体现在考核成绩上。

> **无论做什么工作，只要多下功夫提升贡献度，就能获得上司的认可。**

3

快速处理必须解决的问题

01 整理
未处理的邮件不能超过 10 封

　　那些工作出色的人都很善于整理。不过，公司中的整理并不单指收拾办公桌或是办公用的文件等琐事。

　　我曾有幸看过工作效率很高的上司的邮箱。我发现虽然他每天都会收到上百封邮件，但是未处理的邮件基本上只有 10 封左右。

　　有一天，我好奇地问上司怎样处理邮件，他回答我说："反正早晚都要处理邮件，将邮件放进未处理文件夹中想要延后处理这种做法，其实只是拖延。随着时间的流逝，处理起来也会感到焦头烂额，所以收到邮件就应该马上处理，不要逃避。"

　　这里的"不逃避"其实就是"不拖延"的意思。也就是说不以"很麻烦""没时间"为借口来推迟处理邮件的时间。处理大量邮件的方法就是及时处理邮件。

其实从我个人的经历来看，坚持"将未处理邮件的数量控制在 10 封以下"这个原则会获得非常不错的效果。**无论多么麻烦，只要一收到邮件就尽可能地马上处理**。处理完之后马上把邮件归类到相应的文件夹中。

要将那些无法立刻处理的邮件放到"本日待处理邮件"的文件夹中，这个文件名也意味着"这里的邮件必须今日内处理完毕"。如果有当天无法处理的邮件，则要设置这些邮件的处理期限。

顺带一提，公司主管每天大约会收到 50~100 封邮件，未处理的文件夹中的邮件不会超过 10 封。按这个比例来看，如果你每天会收到 20~30 封邮件，那么未处理的邮件的数量最好控制在整体的 10% 左右。应该按这个标准来规定自己每天需要处理的邮件的数量。

在形成习惯之前，大家可能会觉得这样做很麻烦。而一旦养成这个习惯后，看见收件箱里还有未处理文件时就会觉得不舒服。而且，快速处理邮件也会提高其他工作的效率。另外，整理未处理的邮件，也是在整理自己的思路。所以，是时候改掉拖延的毛病，整理与工作相关的事物了。

那些工作出色的人不只会整理办公桌，还会整理邮箱。

02 对应异常
每天抽出三成时间来 "救火"

我认为，一般的职场人士可以分为两大类：

1. 勇于接受工作中的挑战的人。

2. 喜欢稳定，只想做已经熟练的工作的人。

你属于哪一类人呢？第一种 "勇于接受工作中的挑战的人" 通常在面对突然出现的新工作时，也不会觉得麻烦，反而会乐于研究如何解决工作中的问题。这种人厌烦日复一日重复相同的工作，他觉得工作中的变动非常有意思。

而第二种 "喜欢稳定的人" 很惧怕工作中会出现的突发变化。作为一个职场人士，你根本无法预测自己什么时候会被调离现在的工作岗位。只是熟悉新的工作流程就够有压力了，再加上周围环境和工作内容的改变，会让人更加地不知所措。因此，为了适应新的工作环境，就必须要有意识地摆脱喜欢安于现状的懒惰思维。

我做秘书时最吃惊的就是秘书每天要解决的突发事件非常多。

"立刻把这个资料总结一下！""30 分钟之后有一场会议，在那之前我要紧急开个小会！""5 分钟之内联系到对方！"……上司的命令一个接一个地出现，并且每一个都是紧急任务。我真的很想和他说："你知不知道我不会分身术。"当然，现实中我并不会说出这样的话。总之，我只好一个一个地解决这些问题。在这个过程中我注意到一件事，那就是事物是在不断变化发展的，所以事态的状况也无时无刻不在发生变化。因此，出现突发的工作也是常态。

实际上，一天中有 30% 的工作就是这些突发事件。

即便目前还没有遇到这种情况，但也请提前预想一天中需要处理三成的紧急任务。这样当真正出现紧急事件时，自己就不会感到不知所措了。一旦遇到突发状况，就能马上切换到应急状态，冷静沉着地处理事件。

处理紧急的工作事件、应对突发状况其实是"正常"

的。越是随时保持"万事俱备"的状态，也越不容易慌乱。这样一来，处理问题的速度也会迅速提升。

> **处理异常事件是理所当然的。**

03 优先顺序
优先处理与公司和客户相关的紧急事务

你知道吗？是否能迅速、优先地处理紧急任务会决定你是否能胜任工作。

当出现紧急工作时，就有必要给当前的工作安排优先顺序。不过，还是会有不少人不知应该如何在紧急时刻给工作安排优先顺序。

其实这里有个关键点：**安排优先顺序是在决定"先放弃哪个工作"，而不是"先从哪个工作开始"。**

可能听到"放弃"这个词，大家会有点抵触情绪。但是，这里的"放弃"并不是字面意思。所有的工作都是上司交代的，并不意味着真的不需要处理。只是我们必须要有"暂时放下不重要的工作"这样的意识。

面对需要处理的紧急问题，可以按下面的标准安排工作的先后顺序：

1. 现在不马上处理就会损害公司利益的工作。

2. 公司中地位较高的领导，以及重要客户相关的工作。

3. 上司交代的紧急工作。

也许你会疑惑"为什么直属上司的工作会排在最后"。其实细想一下就会明白，对自己来说，上司的话就是圣旨，其实这个所谓的"圣旨"只是你所在的部门内部的"圣旨"。而从整个公司来看，部门的紧急事务是绝不可能排在公司前面的。

其实，最清楚事情重要程度的正是你的上司。因此，当这三种紧急的事务同时出现时，先向上司详细说明自己优先处理其他事务的理由，暂时把上司的事情放入"放弃清单"中。

如果想着要完成所有的工作，人就会无意识地慌乱起来。比如说你想在 2 个小时之内处理 5 件紧急事务，就会下意识地"用 120 分钟除以 5 等于……"，这样的话，一定会失败。

应该试着把"下决心放弃"与"延后处理"划等号。

尽快区分工作优先度，这是一个非常不错的思考方法。

只要掌握这个方法，如果有可以暂时搁置的工作，也不用必须在当天完成。可以根据当天的工作情况来优先推进更加紧急的工作。

敢于"放弃"工作，才能更好地完成工作。

04 不追求完美
紧急资料要在 5 分钟之内准备好

如果从最开始就追求工作上的完美，反而会花费掉更多的时间。

例如，上司说"现在立刻就需要相关资料！"其实他最强调的是"立刻"这个紧迫度，还有资料的"正确"。因此，这种紧急场合下，先不要考虑"完美"，而是"立刻"提交"粗略"并"正确"的资料。

另一方面，一旦被"马上"这个词限制住，人就会无法冷静地思考问题，结果会导致工作中频繁出现失误。因此，这个时候要冷静，规定自己在 5 分钟以内完成这项工作。

为什么从一开始就不应该追求完美呢？准确性和速度确实十分重要，而每个人心中的完美的标准各有不同。如果自己的"完美"和上司或者其他人心中的"完美"不一样的话，别人可能会怪你"花这么多时间都在做什么！"也就是说，与其追求完美，不如在 5 分钟内提交现阶段最完整的资料，并且说明到什么时间节点能提交更加详细的资料。

上司最讨厌的就是部下对他的话没有回应，因为他看不到你后续的工作情况。如果理解这一点，我相信下一次你的工作成果一定会让上司满意的。

> **自己坚持的所谓"完美"会让工作的速度降低。**

05 紧急事务
解决紧急事务时，思考目前什么能做，付诸行动

有一次，从国外公司来访的一位出差人员遗失了护照。回国的前一天他和同事一起去六本木参加庆功会，可能是过于开心，喝了太多酒，不小心把装有护照和其他资料的公文包忘在出租车里了。

"你去喝酒，为什么要带护照？"

我努力没有说出这句话。

"我必须要坐明天的飞机回去，那边还有非常重要的工作在等着我……"大早上，他一脸铁青地说道。

我扭头看了一下上司。他很平静地说："想想办法吧。"既然上司这么说了，我也没有理由拒绝。

首先，我确认了这位出差人员的航班时间，还有最晚

必须何时到达目的地，然后先按照这个时间预定了最晚的航班。这样万一出现突发情况时还能推迟航班，争取一些时间。之前预定的航班也依然保留。喝醉的他唯独没弄丢钱包也是不幸中的万幸。他说隐约记得出租车好像是黄色的，我就和其他工作人员一起联系出租车公司，寻找那辆黄色的出租车。这时候，和出租车中心联系能获得很多有用的信息，甚至可能还会找到丢失的公文包。与此同时，联系警察，刚开始警察说没有失物申请，就不能出警，于是我又请同事陪同出差人员一起到派出所办手续。

同时，我等到大使馆上班，仔细询问紧急时刻的护照补发或是临时的证明书的申请方式，等等。但是大使馆的工作人员说除非是有人道主义上的原因或是身处危险状况，否则很难办理临时护照。我感受到了打击。其实大使馆说的也不无道理，如果真的能够随意补办，那么因醉酒遗失护照的人会在大使馆的门口排起长队。说起来大家可能不相信，在晚上的六本木，遗失护照这种事其实十分常见。

那么，眼下只有一个办法了。实际上他将要参加一场重要的会议，关乎到公司的利益。如果关乎到公司的利益，那么如果他无法出席会议可能会给公司带来损失。想到这里，我采取了接下来的行动。

我决定自己和当地公司联系，拜托他们准备好招待书（相当于入境国企业或人员所提交的邀请函）。内容是"如果这个员工不回去的话，会给公司造成巨大的利益损失，产生严重影响"。而且这份招待书最好是由公司内地位较高的人来写，这样效果才会更好。之后直接将这封招待书递交到大使馆，做最后的努力。可是，由于时差的缘故，对方公司里没人，办公室也没有做招待书的人。然后我就和当地的主管通电话，说明情况。好不容易收到对方公司发来的盖章文件。下午又在公司整理了必须的资料拿到了大使馆。果不其然，大使馆的人也有点不耐烦。但是我已经做了所有能够做的事情，剩下的唯有等待消息。

我和同事先回到公司等待大使馆的联络，而麻烦制造者却紧张地每 5 分钟来问一次"大使馆有没有打来电话？"如果我们和他一同陷入恐慌，情况一定会变得更加糟糕，虽然我的心里也十分焦急，但是也只能故作冷静。

"看看还有什么我们可以做的？"

这时上司的一句话让我感到惊讶。**在自己获得能够接受的结果后，才能说出"已经做了能做的事"这句话。只是一味地等待结果，其实就是在浪费时间。**这让我开始考虑是否能在大使馆找到门路来帮忙解决这件事。我将这个想法告诉上司后，上司说他可以尝试联系一下朋友。于是，我这边也开始逐个联系公司主管的其他秘书。

最后我们找到一个人，他是上司的儿子的同学的爸爸E先生。他和大使馆的联系很紧密。先是请上司的太太从妈妈联合会中找到E先生的太太，然后再让上司和E先生直接取得联系。终于，大使馆发出了一张紧急的临时护照。

上司一边笑，一边和当事人说："这次的代价很高啊。"但是看得出上司也舒了一口气。随后我取消了备选航班，又确认了原定航班的状况。

上司打电话感谢E先生，又托自己的夫人向E先生的太太表达了感谢之情。同时也准备了礼品和感谢信送给对方，并邀请一同共进晚餐。

第二天，当事人顺利地登机回国了。在他顺利上飞机之前，我丝毫不敢放松。经过这件事后，给予了我极大的鼓励。我发现只要拼命努力，没有事情是做不到的。

不过，这次十分幸运，找到了联系大使馆的门路。其实大使馆不发布临时护照，导致出差人员赶不上重要会议的几率是比较大的。但是即便是这样，我也必须采取行动，尽量把损失减少到最小。

最重要的是"绝不放弃"。在结果出来之前，一定还有我们能做的工作。

处理突发状况，其实就是一场容易遭受挫折的"与自己的战斗"，但只要你在这场战斗中获得的胜利越多，就越能积累到更多的经验，提升自己的实力。而这些实战经验是书本中学不到的宝贵知识。

我并非在建议大家去主动寻找突发状况。但是如果"那个时刻"到来，一定要下定决心，拼尽全力做到最好。这不只是为了别人，也是为了自己。

> **无论面对多么严峻的状况，"一定"还有能够做的事。**

06 预防错误
制作待办事项清单，逐个解决

当很多工作急需处理时，我们的脑海中会不停地出现很多需要完成的事情。无论记忆力多么出色的人，也很难在一瞬间记住脑海中闪过的念头。

然而，那些转瞬就忘记的事情却不知为何会在回家的路上、深夜时分突然浮现……当然，最糟糕的还是遇见了上司和客户后才想起来有些工作应该提前做好。

为了能够让繁忙的每一天过得更加轻松，在这里我想向大家介绍"笔记"的重要性。

有人可能会感到疑惑：为什么会特意提到这样基础的方法。

这是因为**将需要完成的工作记在笔记上，大脑便可以专注思考其他事情**。当脑中闪过好的想法或应做的工作时，就会忽略手边正在做的事情。

　　这是因为当时你的注意力都集中在"一定要牢记这件事"上。将"一定要牢记的事情"记录在纸上或是电脑上，就能够专注于现在正在处理的工作。做笔记的方法有很多，可以使用笔记本或电脑。不过考虑到方便程度，还是应该准备一个便携的笔记本。

　　如果将笔记本换成便利贴，效果会更好。可能有人会说写在便利贴上容易丢失，但**正是由于便利贴能轻易撕掉，所以才更有用处。**

　　我的电脑屏幕周围总是贴满了便利贴，就好像是狮子脖子上的毛一样。有一天，上司笑着说道："我家里的那个小姑娘，学校给她发了带花纹的便利贴，于是她就在便利贴上写上自己能做的家务活，然后贴在冰箱门上。完成某项家务活后，她就把便利贴撕下来。作为奖励，她还能得一颗糖。这样看的话，我也得给你准备几颗糖了。"

　　听说学校的老师这样跟上司的太太解释：

　　"写下来记在脑子里→贴上去防止忘记→撕下来获得成就感"。

其实这个过程就是我正在做的事。或许这是一件小学生都可以轻易做到的事。但是，就是这件如此简单的事，能让我们每天不出现疏漏、不犯错误。其实还是很有尝试的价值的。并不是每个人都是因为不会做才犯错误的，也可能是因为时间紧迫才会频繁出错，那么何不利用这个小技能防止出错呢？

我推荐大家使用大小约为 2cm×3cm 的便利贴。太大的话会造成浪费，而长方形的便利贴则很容易掉。找到尺寸合适的便利贴，在一张便利贴上写一件需要完成的工作。

可以将这些便利贴贴在电脑上或是贴在办公桌的挡板上，如果怕脱落，可以使用透明胶带固定。

然后，等工作完成后，痛快地撕掉便利贴，揉搓后扔进垃圾桶里。在这个过程中就会发现自己不断积累了小小的成就感。因为无论在什么环境里，做完一项工作后，心情总是会无比畅快。利用这一点，就能够逐渐地提升自信。

我想大家刚开始会觉得我介绍的这个小技巧"不值一提，简直就是新手级的"，其实只要利用下这个小技巧，就能立刻感受到达成目标的喜悦。这个具有普遍适用性的小技巧，希望大家一定要尝试一下。

还有人建议说可以根据事情的轻重缓急，使用不同颜色的便利贴来区分。以前有个在工作中十分优秀的经理刚刚开始非常不理解这个方法的优点，问我："贴便利贴有什么用？"后来他尝试了这个方法，亲身体会到了便利贴的好处。

> 将需要完成的工作写在便利贴上，完成后撕下便利贴，以此来获得小小的成就感。

07 相信同事
制造"别人乐于援助自己"的环境，
以便应对超负荷任务

D 有个坏毛病，就是喜欢单独一人完成很多工作。每天从早上忙到深夜，好像吃住全在公司一样。可是终日这般忙于工作，却并没拿出什么像样的成绩。对此，他的上司也很是头疼。

就这样，因为连续好几天的长时间工作，某天，D 终于因疲劳过度住进了医院。上司来到 D 的办公桌旁，看了 D 的笔记本感到十分震惊，因为他发现 D 还有大量的工作没有处理，上司简直不敢相信自己的眼睛。

"你为什么没有寻求其他同事的帮助呢？"面对上司的质问，D 说："我不想被别人当作是无能的人。有时想请同事帮忙，但又怕大家觉得麻烦。"D 说的也并不是毫无道理。

然而，仔细想想我们就会知道 D 这么做完全就是本末倒置，只是因为"不想被别人觉得自己无能"，才不得不一个人完成很多工作。这样会导致很多工作无法按时完成，甚至出现失误，其实这才真的会被别人贴上"不会工作"的标签。

D 的另一个理由是"怕别人拒绝自己的请求"。其实这个问题也完全能够凭借自己的努力来解决。比如说，从平常工作中就制造"别人愿意来帮忙"的环境。

如果自己不努力工作，工作忙不过来或是不熟悉工作内容自然是大问题。但是，**当你尽全力投入工作却还是无法完成时必须"负起责任"，就需要请同事来帮忙。这才是一个合格的职场人应有的工作态度。**

当然了，如果只是一味地寻求他人的帮助，确实会和 D 担心的一样，会招致别人的嫌弃。所以，当别人也陷入困境时，作为回报，自己也要全力帮助别人。

为了建立能够互帮互助的关系，平时就要趁着工作的间隙，积极地给周围的同事提供帮助，协助他们的工作。

实际上，即便是你帮不上什么忙，只是说一句"有什么要帮忙的尽管说"，大家也会十分感激。

这样一来，你就可以建立一个热心帮别人忙的形象。因此，当你需要帮助时，周围的人也会愿意伸出援手。

面对工作，最重要的不是自己的心情或是自尊心，而是为了公司，如何才能迅速、正确地完成工作。因此，请同事帮忙绝不是什么丢脸的事情。而且，如果因为某些客观原因，不得不中途停止这个工作时，应该把工作安排妥当，让别人能立刻继续推进这项工作。这才是一名具有专业精神的职场人士。

> **寻求他人的帮忙并不丢人，要将公司利益放在自尊心之前。**

08 观察
充分了解别人并掌握亲近他人的"变色龙应对法"

之前我也曾多次介绍过，"观察行为"这个方法可以应用在任何场合中。即便不是工作，在日常生活中多观察周围人的行为，你也能从中学到很多东西。

观察他人行为的技能其实对工作也有很大帮助。其中最大帮助就是根据对方的反应来开展工作的能力——变色龙应对法。

大家会经常听到"随机应变"这个词。不过很多人虽然知道它的意思，但是却不知道应该如何实践。

试想一下，你不会邀请不能吃辛辣食物的好朋友去印度餐馆，也不会送葡萄酒给不会喝酒的朋友。

你会按照朋友的喜好来决定餐厅和礼物，这是因为你十分了解自己的朋友。

其实，工作上也同样如此。**越是了解对方，就越能按照对方的喜好来推进工作。**

例如，你在下午很晚的时候，去找喜欢在早上处理工作的上司申请一个复杂方案的批复，得到他认同的几率就会大幅下降。

你拜托一个会花时间仔细阅读资料内容的同事"粗略翻一遍资料"，可能无法获得满意的结果。

因此，从平时就尽量地多观察，多了解对方，真有事情要拜托对方时，就能够考虑对方的喜好和脾气后再行动，这样才能获得自己想要的结果。

也许有人会认为"不光自己这样做，对方也来迎合自己不是也可以吗？"其实，要对方来迎合自己就是要对方做出改变。自己通常是无法轻易改变他人的，**但自己可以有意识地改变自己。**

如果自己能够根据对方或周围情况做出相应的改变，这样的效果是非常显著的。不仅会减轻工作负担，还能得到"机灵能干"的评价。

> **在工作中善于观察他人，就能掌握"变色龙应对法"。**

09 积累经验
越是复杂的工作，就越要谨慎

有些我们日常生活中十分常见的东西，在外国人看来会觉得特别珍贵，甚至想买一套带回自己的国家。如果这些"珍贵的物品"是浴衣、日本人偶这些随处能够买到、便携的东西还可以，但不幸的是那时的我并不走运。

有一天，美国来访的客人笑着对我说道："这周过得很不错。话说回来，我特别喜欢日本的洗手间。真想要那种'自动喷水的智能马桶'。还有前几天去的那个烤肉店，我很喜欢那里的烤肉设备，多少钱我都要买，你能不能帮我买一套？"

现今，可能在其他国家也能够买到智能马桶了，但在当时智能马桶并不是很常见。我和厂家询问后，得到了无法面向海外发货的答复。

听说这个厂家在美国也设有法人机构，于是我就问日本的厂家能否请美国的公司帮忙发货。可是厂家说自己只知道日本国内的情况，拒绝了我的请求。既然这样，我也只能自己直接联系美国的公司了。

不只是这家公司，即便同属于一家公司，因为国家和语言的不同，海外的分公司一般都会被日本国内的员工看作是其他公司。

但是，通过这件事情我也明白了一件事，那就是**不要觉得麻烦，把自己工作的范围扩大至海外，就能够得到自己想要的结果。**

然后，就需要购买烤肉店的设备了。我仔细地询问了是什么设备，他兴奋地说是一个具有强劲的抽烟功能的定制设备。看来他似乎是非常中意这个设备。

可是我跟店家联系后才知道，那个并不是做好的成品。而且制作这个设备的厂家也不是大厂家，因为需要一个零件一个零件地制作，交货也要很长时间。

"没办法还是算了吧。"我期待能从来访人的那里听到这样的话，但是事实却给了我沉重的打击。

他欢快地说道："没关系，这么特别的东西值得我等！"

我甚至想用脑袋狠狠撞墙。

最后，厂家答应接受订单，就剩下需要解决海外发货的问题了。最后我们决定先请厂家做个设备外壳，运送到来访人所在的国家再进行内部配线。这样事情总算是有了眉目。实际上，等我安排运货的国际航班时，已经过了三个月了。

在处理这件事情的同时，我平常的工作也不能落下。说老实话，我已经感到筋疲力尽。但是当事情做完时，除了满足感外，在这个过程中积累到的经验在很多场合都能派上用场。

这件事也让我切实感受到了"任何事情，只要尝试去做总会获得成功"这个道理。

人们通常会下意识地想要逃避麻烦和困难的事。但是**一旦完成了这些事，从中获得的经验就会变为自己的财富。**如果有机会，一定要勇于挑战这些难题。当你成功后，获得的自信心绝对会给自己的事业和人生带来好的影响。

> **勇于挑战困难和麻烦，才能拓展自己的工作范围，把困难转换为人生财富。**

4

问题就是机会，迅速解决问题

01 拯救危机
锤炼让上司和客户满意的"复原力"

有时候，不管我们如何小心翼翼，也还是会遭遇失败。

这时候对我们来说，最重要的力量就是"复原力"，"复原"就是恢复原本的状态。

复原力指的是出现问题、遭遇挫折时，修复问题、改变现状的能力。我想你一定听说过有一些社会精英，无论是生活还是工作一直都是一帆风顺的状态，但在某天突然遭遇了挫折后，就无法重新振作了这样的故事。

可能你会感到惊讶："不过是一次小小的挫折，为什么会遭受如此大的打击？"但是对于从未遭遇过挫折的人来说，这种冲击犹如世界末日一般。甚至还有不少人就这样一直消沉下去，直到跟这个世界挥手再见。

因为，比起将好的结果变为更好的结果，将坏的结果转化为好的结果需要花费几倍，甚至几十倍的能量。

如果掌握了复原能力，自然能够胜任高水平的工作。因为，如果你擅长恢复原状的话，那么无论遭遇什么问题都能够顺利克服。克服困难，解决问题，无论是经过何等的高峰或低谷，最后留下的只有非常完美的工作成果。

因此，出现问题、遭遇失败时，在感到沮丧之前，先想想有没有恢复原状的机会。也许原本以为是穷途末路的状况，只要转换思路，就会出现转机。

"成功的标准是能获得上司和客户的满意"。虽然工作会出现问题或失误，但只要自己努力"恢复原状"，也能获得一个让对方满意的结果，这就是"复原力"的力量。成功完成工作自然是再好不过了，如果在遇见问题时，能够及时成功处理的话，周围的人也会更佩服你对于工作的态度。

你只要经历一次挫折，并将其恢复到原本应有的状态，自然就会积累不少经验。因此，我们不要逃避问题，应该尝试解决困难。这种经历绝不是坏事。

> 问题和危机其实是提升他人对你的工作评价和能力评价的机会。

02 危机
努力把工作上的危机转换成"机会"

很多人一遇到问题，就会立刻失去信心。其实正是在这种突发情况、异常状况的时期，我们反而可以利用这个机会和上司建立更加紧密的关系。在这里，我给大家讲一个例子。

W要代替外出的上司，在下午2点前准备好客户要的货物。如果下午2点前没有完成的话，就赶不上给客户交货的截止时间。但是这天出现了突发状况，需要W紧急处理，而一直在忙着处理其他问题的W则完全忘记了要发货这件事。

傍晚时候，上司给W打电话，问道："发货的工作没什么问题吧。"一瞬间，W似乎听见了自己的血液流干的声音。

"你等着被辞退吧！"听着上司在电话那边的怒吼，W

感到十分的沮丧。眼前一片黑暗，上司挂掉电话后，W 伫立了很长时间。

但是过了一会儿，他脑中涌出这样一句话："反正都要炒我鱿鱼，不如现在就放手一搏吧。"

这时，W 仿佛充满了能量，立刻开始了行动。

首先他给负责发货的人打电话，询问能不能在今天发货。可是对方坚持"按规定已经无法发货了"。W 交涉了一阵子，但最后被对方挂断了电话。

之后，W 就迅速打车前往负责发货的办公室，准备和部门的主管当面交谈。W 说明了来意，希望对方这次能够通融一下，却被那个领导批评了一番。他心里抱怨："这是公司遇到问题了，为什么这么不近人情……"不过最后还是表达了谢意并离开了办公室。W 相信"绝对有解决方法"，于是他便马上开始考虑下一个办法。突然，他想到了订货时大家都会多订购一些产品，以防出现突发事件，于是，他在出租车里开始联系自己的同事或者其他分店的负责人。回到公司后也继续打电话，最终，W 找到了几个部门同意将多余的货物发送到 W 的公司。最后的最后，W 发现有一个部门正办理该产品的退货手续。

虽然手续比较复杂，但这对于 W 来说已经不是什么复杂的问题了。最后 W 终于顺利完成了发货的工作，意外地得到了上司的表扬："干得不错！"

上司笑着说道："不过，下次如果再出现这种事，我可真不会手下留情了啊！"没想到认真却低调的 W 居然有如此高的行动力，并且处理问题的方法也十分灵活。自从这件事之后，上司对 W 刮目相看。

从这个事例可以看出，W 始终在拼尽全力尝试并最终扭转了危机，这使得他与上司的关系朝更好的方向迈进了一步。

像这样，"危机"是否能转变成"机遇"全都依靠个人是否努力。从不同的角度考虑问题，并着手处理问题，就会出现更多的可能性。当然不出现问题最好，但就算自己小心谨慎，周遭的同事或是团队中的人可能也会出现一些小失误。这时候请记住："危机是可以转变为机会的！"

> 只要能将危机转变成机会，就能提高自身评价。

03 为对方考虑
在解决问题时要照顾"对方的感情"

在解决问题时，有几点需要大家注意。

在努力挽救局面时，要最大限度地考虑"问题本身"和"对方的感情"。

注意"问题本身"是指能在何种程度上挽回事态。这时，不应给思维设限，要从各种角度深入地探讨问题。人一旦陷入惶恐，视野就会变窄。因此，一定要沉着冷静地考虑问题。

还有就是要注意"对方的感情"。无论是面对上司还是客户，在处理问题时一定要注意对方的情绪。

1. 向对方道歉后，要详细说明准备如何、用多长时间来挽救失误。

2. 开始采取行动后，依然要用邮件或电话紧密地汇报进度。

3. 得到最终的结果后，确认对方的态度，并再次道歉。

第一点，真诚地向对方道歉后，要把思路切换成"挽救危机模式"。从全局出发，仔细地向对方说明自己会如何采取行动，大概需要用多长时间，等等。

需要特别注意的是第二点。由于自己在拼命努力挽回事态，所以时间也会过得非常快。然而，对于等待结果的人来说，5 分钟都会感到十分漫长。更何况是 30 分钟，甚至 1 个小时，再加上不了解事情的发展状况，他们更是会感到焦躁。原本因失误或问题所引发的对方的愤怒更是会成倍增长。为了避免这种情况的发生，一定要紧密地汇报当前的状况。

例如，"现在是这样的情况，预计 1 个小时后就能向您汇报最终的结果"。像这样及时汇报进度，后面就能够集中精力挽救危机。

第三点，我们往往容易过度集中在"解决问题"这一点上，从而忽视对方的感情。因此，当顺利解决问题时要再次向对方道歉。是否能够做到这一点，其中有很大的差别。

全力解决问题，同时也要照顾到对方的感情。

04 失败
最重要的是"反省"，而不是"后悔"

无论在什么时候，我们都无法适应遭遇失败时那令人难受的感觉。这时，我们心中最先浮现的应该是后悔吧。

接着，我们就会开始自责"那个时候，为什么要做那种选择……"但是，请就此打住吧。无论你多么后悔，事情也已经发生了。只要没有时空穿梭机，就无法改变当前的结果。因此，如何解决当前的"失败"才是你最应该做的事。

自我反省是为了改善自己，而当前应该为了公司集中精力工作。要利用一切方法，扭转目前的糟糕状态。

等到成功挽救危机之后，这才是可以开始自我反省的时间。虽然说是自我反省，如果只是一味地后悔、消沉，则会变成悲剧的主人公。这样失落的心情就会永远找不到宣泄口，有百害而无一利。

时间是非常宝贵的，应该用在更重要的事情上。最应该做的不是后悔，而是反省。要排除自艾自怜的情绪，冷静地分析状况。思考出现了什么问题？为什么会出现这种问题？这才是真正有价值的自我反省。

不过，如果你还是觉得情绪低落，那么请规定好时间来让自己尽情地沮丧，你可以告诉自己："从现在开始，允许自己沮丧30分钟！"

我其实也会专门抽出时间来允许自己沮丧，让自己痛快、彻底地消沉，让心情跌入谷底。等到消沉得不能再消沉的时候就会彻底放弃，然后告诉自己"人生就是这样"，咬牙从谷底爬上来。

最后一定要好好地表扬拼尽全力挽救失败的自己。只要最终取得了良好的结果，那么无论自我反省还是消极的情绪都是有意义的。

> **自我反省时，最后一定以积极的态度来结束。**

05 失败后
分析失败原因，迎接下一次的成功

"失败是学习的机会"，只要你能认识到这一点，就会有飞跃性的成长。

有一家公司的一位上司有句口头禅：我现在的工作之所以没有失败，是因为我已经从无数次失败中学到了经验。每次遭遇失败，就狠狠地发句牢骚"简直就是开玩笑！"接着告诫自己绝不要再犯同样的错误。失败虽然不是一件好事，但失败也是学习和成长的绝好机会。

任何人都会或多或少地犯一些错误。但是对待失败的态度则会影响自己今后的发展。这位上司以严厉出名，在训斥犯错误的部下后，他经常会这么说："允许自己继续犯错就是愚蠢，从失败中获得新知识才是明智的做法。""愚蠢"和"明智"的形容有点夸张，但是他说的非常正确。

首先要从"原因查明"开始，冷静地分析状况，发生了什么问题，自己为什么会失败。就是前文中提到的自我反省。

然后需要做的就是如何防止失误再次发生，这样也能够明确需要改善的地方和今后的工作方法。这些并不是听别人的口头说明就能理解的。

失败的时候，最需要做的事情并不是懊恼"那个时候如果这样做就好了"，也不是后悔自己"要是再多注意一些就好了"，而是要反省"我这么做失败了，以后要多加注意，改变自己的工作方式"。遭遇到了挫折时，只是一味地低落就太浪费了，要从挫折中吸取教训。**分析一下失败的原因，能够学到的东西越多，自己也就会变得越聪明。**

如果碰到挫折，就变得胆小怯懦，再也不敢挑战新问题，这才是得不偿失。这样不仅浪费了自己之前的努力，也阻止了自身的成长。所以，无论什么时候我们都要迈步向前挺进。

"从失败中学习"才能让自身获得成长，这次的失败能够孕育出下次的成功。

> 能否将失误转变为"成长的契机"，主要取决于自身如何调整心态。

06 慌乱
锻炼自己沉着应对突发事件的能力

你知道吗？工作上出现突发事件时，不同的处理方式和行动会带来截然不同的结果。一旦遭遇危机，我们会感到遭受了冲击，甚至会因过于震惊而导致大脑一片空白。其实这是人类的正常反应。但最重要的是要思考如何应对。

在丧失冷静的瞬间你就已经开始步入最糟糕的结局，这是比遭受打击还要糟糕 10 倍的状态。

那么，我们如何才能沉着冷静地处理"意外"呢？

1. 在遭受打击时，首先要保持冷静，控制自己的情绪。

2. 集中注意力来思考"现在自己能做什么"。

3. 在收拾好局面之前，绝不能放弃。

能否做到这三点主要取决于平时的训练。我们总是能听到"意料之外"这句话，但其实这种思维本身就是错误的。如果每天的工作都在"预料之中"，那自然不会出现什么问题。

但是事实上，像自然灾害、股票暴跌等"意料之外"的情况也有很多。"意料之外"对于任何立场的人来说都不算是一个好的借口。作为一名职场人士，平时要考虑到种种风险，将"意料之外"归到"预料之中"。

但是，万一出现了失误，在因恐慌而造成更多的失误之前，我们要有意识地斩断这种"失误的连锁反应"。

面对严重的事态，你就要暗示或者大声地告诉自己："没关系，我能行！"让自己冷静下来，才能走出"慌乱的深渊"。

上司出差时，我总是会详细地查询他乘坐的航班的前后航班的时间，以及剩余的机票数量。同样，关于上司出差所要住的酒店，我也会准备多个备选项。一旦出现上司没有赶上飞机，或是登机前有临时事务改变行程，甚至临时想改变入住的酒店时，我便能在最短的时间内做出相应的调整。

　　我曾有一位上司，他在登机前总是提出一些十分任性的要求。有一次，他所乘坐的飞机，因为雷电天气，要在北海道迫降。

　　上司自然是一肚子怒火不知如何发泄，他带着怒气打电话过来时，我差点就说出"这不都是因为你的任性造成的吗？"这句话。虽然我确实没有想到会在北海道迫降，但是因为之前我已经准备了几个预备方案，也能够随时调整到达目的地后的行程。这个突发事件，也在"意料之中"顺利解决了。

　　如果在平时就做好"出现异常情况也能立刻应对"的准备，一旦出现意外状况时，就能马上采取行动。并且在这个过程中你也能获得将你从危机中解救出来的知识和智慧。

> 平常就训练自己沉着冷静地处理突发事件，才能在有突发状况时摆脱危机。

07 避开危险
事先定好计划，以防万一

在从事秘书工作的过程中，我深感避开危险的重要性。

因为，无论你觉得多么地万无一失，还是会有"万一"的情况出现。

但是，如果你提前采取措施，规避可能发生的风险或降低受损程度，一般来说这样可以应对大部分的异常情况。

我给大家介绍一下系统部的经理 K 的事例。

K 想把一位在其他公司评价较高的工程师挖过来。该工程师也愿意跳槽过来，而且对于薪资和待遇也都很满意。K 准备第二天就和该工程师签劳动合同。事情到目前为止进展得比较顺利。

不过，K 突然听说竞争公司曾经也想聘用这名工程师，并且和他接触过。K 就开始感到不安。

　　"万一竞争对手提出的条件更好，最后一刻他不和我们签合同怎么办……"想到这里，K 就提前和上司、人事部商量，准备了一个更高的薪资待遇。如果这个工程师顺利签约，就按之前预定的薪资，不透露这个较高的薪资。

　　到了约定时间，出现在 K 面前的工程师有点难为情地开口了："其实还有一家公司提出的条件更好，我现在有点动摇了，今天恐怕无法签合同了。"

　　"我的预感果然是准确的"，但是做好应对"万一时刻"的 K 立刻开始着手处理这个情况。他先确认了对手公司的 offer 内容，同时仔细询问除薪资外，还有哪些条件比较吸引工程师。所幸工程师说只有薪资这一点。了解到这些情况后他就开始采取行动了。

　　他先离开座位，向上司汇报了情况。因为之前已经获得了"增加薪资"的许可，之后只要更新合同，得到上司的签字和盖章就可以了。拿着改好的合同，回到会议室后，K 就和这位被别家公司盯上的工程师顺利签约了。

　　因为提前想好"应对风险的对策"，K 顺利地规避了这次签约中的风险。而且他也为上司和公司争取到了人才资源。

　　这是其中一个事例。在处理异常事件或问题时，这种"提前准备应对风险的对策"会带来惊人的效果。

　　准备的"对策"越多，规避风险、降低损失的成功率就越高。面对突发状况时，就如同哆啦 A 梦的口袋一般，可以拿出万能的应对方案。这自然是最理想的。

> **在平时建立多个"对策"，就可以化身"异常应对小能手"。**

08　行动方法
在实践中找到新方法

　　越是那些出色的上司，就越是会期待部下的"主动工作"。也就是说，**部下并不是等待上司的命令才去行动，而是有意识地开动脑筋，积极采取行动。**那些被动的、坐等指示的人是不受上司青睐的。

　　但是，如前文中所提到的那样，我们从小接受的就是填鸭式教育，如果不是有意识地去改变这种思维方式，很难做到积极主动。

　　人类是可以思考的生物，大脑会无意识地产生很多想法，"上司没有提出这个要求，如果我要是这样做，会不会被上司训斥""好不容易想鼓起勇气发言，但是说错了可就丢人了""万一失败了还要重新再做，还不如等上司的指示"，这些想法会束缚你的行动，最终导致自己无法提交让上司满意的方案，丧失了主动采取行动的积极性。

进入职场之后，无论你多年轻，多么没有经验，每个人承担相应的责任。虽然上司的命令是必须要绝对服从的，但是为了做好上司分配的工作，而丢掉了自己的创意实在是非常可惜。

只要自己的脑中出现一丝不愿去主动思考、不愿主动行动的想法，一定要立刻停止。

那么我们应该从什么地方开始呢？首先，当意识到自己正在等待上司的指示时，就要主动去找一些能做的工作。当你觉得有些事情再怎么想也找不到什么解决方法，或是无法获得预期的结果，再或者是对自己的想法有不自信的想法时，就要立刻让自己停止深入思考，有意识地强迫自己马上行动起来。

只要你开始动起来，周围的人、事物也会动起来。你可以一边行动一边思考问题。只是一味地思考的话，就是在浪费时间，绝大多数情况下都不会获得有意义的结果。

先行动，再思考。从"被动工作"转换到"主动工作"，你会发现工作将变得更加有趣。

> 迷茫的时候"先行动起来"，就能够找到应该做的工作。

09 表情
控制情绪，保持"扑克脸"

在工作中有一个重要的因素是"表情"。那些无视自己的情绪，能够根据状况做出最适合的"表情"的人，往往都是工作十分出色的人。

表现出喜悦和愤怒是十分简单的，但是那些带有复杂情感的微妙表情又如何呢？有很多人因为怕得罪别人而瞻前顾后，或是怕被人说表情太过丰富显得不够专业，因此很少有人会做出细微的表情。

正所谓"眼睛可以传达信息"，在不方便直接说出口的情况下，我们可以用眼睛或是表情来表达自己的想法。

这就需要做面部练习。不要害羞，站在镜子前练习如何控制自己的表情。设想几个场景，做出符合该场景的表情。

不宜直说却又想让对方明白自己的想法时，迎合对方的情绪讲话时，"表情"都扮演了一个重要角色。有时候甚至动动眉都能够表达不满和愤怒。

在多个表情中，我比较推荐"扑克脸"的表情。

想必很多人都会觉得摆出一张"扑克脸"会让人无法明白你在想什么。但只要能够善用这个表情，它就能成为你最厉害的武器。

经常做出"扑克脸"的人可能让周围的人觉得很难接触，但也并不会因此而讨厌他或是敬而远之。下面说一下这种表情的好处：

1. 在保护机密事务或是收集信息时十分有效。

2. 无论遇到什么场面，都能做到"视若无睹"，这样可以回避纷争。

3. 遭遇职权骚扰或是欺凌、威胁，面无表情可以减弱对方的攻击欲。

也就是说，摆出"扑克脸"可以在任何场合中保护自己。

秘书一般很擅长扑克脸。反过来说，不擅长摆扑克脸的秘书就无法做好日常的工作。因为秘书每天都要接触机密事务，为上司收集信息，如果每次都大惊小怪的话，根本无法完成工作。有时候要假装不知情，扮演成毫无经验的角色。如果学会扑克脸，也就不会遭到他人的过度揣测或是卷入某些公司内部派别的纷争。

另外，**要想保持扑克脸，就自然需要学会控制自身感情的方法。**无论怎样愤怒，怎样欢喜，也要学会压抑住自己的情绪，做出淡漠的、事不关己的表情。

学会控制感情绝对能够给自己的工作带来帮助。

学会做出扑克脸，处理日常的工作时也会更加轻松。

掌握良好的思维方法，提高自身水平

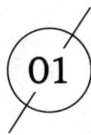

⟨01⟩ 谈判
谈判时，不要避开对方的目光

你最近的一次谈判是什么时候？谈判也分为很多种类。我们首先会想到的是和客户的商务交谈，或者公司内部人事调动的交涉，等等。其实，除此之外，还有很多其他种类的谈判。

在进行业绩考核时，和上司说明自己的工作以及今后的发展意愿，这也是谈判。更简单的还有和其他部门打交道，或是确定会议时间也算是交涉。除此之外，地铁中，有人占了两个位置，你请求他是否能移出位置给你，这也是谈判。

无论在工作上还是生活中，我们每天都要和不同的人打交道。我这里有些关于谈判的小技巧想要告诉大家。

首先，从我原来的同事，同时也是交涉高手 C 的故事说起吧。

　　C 的厉害之处就在于无论他面对多么不利的局面，到最后总能获得成功。

　　他已经无数次在绝境中奋力挣扎，并获得成功。他经常挂在嘴边的话就是：谈判的输赢在最开始的一瞬间就决定了。

　　为了控制谈判的发展方向，他最注意的一点就是"**盯着对方的眼睛**"，就是这样简单。

　　另一个就是"**千万不能躲避对方的目光，只要移开目光就输了**"。

　　换句话说，就像青蛙在散步途中突然遭遇毒蛇一样，两者目光碰撞的刹那间，气势的高低就决定了生死，先移开自己目光的一方必输。因此绝对不要移开自己的眼睛。话虽如此，但你也不能敌视对方，你只是前来谈判，并不是来下战书。因此，**最好面色柔和，即便没有自信也要坦荡地面对对方**。

　　就像"古风式微笑"①一样。古风式微笑**就是克制情绪**

―――――――――

① 在古风时期（公元前 750?—前 500），主要指公元前 6 世纪 40 年代—20 年代后期，希腊雕像脸部所独有的微笑。——编者注

又嘴角上扬的表情。

在保持这个表情的基础上，最开始的 10 秒不要从对方身上移开目光。要一直保持视线接触，但是不要凝视。关键是要看着对方的眼睛，不要移开目光。

最初需要一些练习。可以先找亲近的人来练习，同事、朋友、家人都可以找来陪练。

实际上，这种做法有两个作用。一个是静静地注视对方能够给自己带来自信心，并无声地表达出自己很坚定，没有什么事情能让自己动摇这样的态度。

第二个就是人们一般被注视 5 分钟以上就会感到不舒服、坐立不安，开始自我怀疑。也就是说，注视对方可以打破对方的冷静。

另外还有一个附加好处。目光坚定地注视对方时，进一步试探对方，说出自己更高的期待后，很可能会得到意想不到的结果。即便是自己觉得对方不可能答应，也不妨说出来看看。遭到拒绝也没关系，反正自己也已经做好被拒绝的准备，最多说一句"果然如此，但是我也不后悔"。如果对方答应了自己的请求，就自然是再好不过了，"太好了！幸好鼓起勇气说出来了！"

　　不管结果如何，不说出来就无法获得结果，这才是谈判的乐趣。既然要谈判，就不妨愉快地挑战新的高度。

> 谈判从开口之前就开始了。寒暄之后要盯住对方的眼睛，争取谈判的主导权。

02 工作姿态
不要否定新想法

　　自己好不容易想到的创意，却被一些上司用各种理由否决。其实，上司否定这些方案是为了给自己上保险。因为一旦方案失败，上司就要承担责任，所以他从一开始就上了保险。

　　但是，总是因为怕冒险而瞻前顾后的人，无论是上司还是部下都无法出色地胜任自己的工作。因为，上司否定所有可能会出现小麻烦的任务或目标的话，员工就只会做一些简单的工作而已，无法成长为独当一面的优秀人才。

　　工作平庸的员工自然在公司不会有什么大前途。这类员工用自己的行动阻止了自己的发展。想在工作中出人头地的人，觉得只要工作稳定就不必努力奋斗的人，或是现在正在阅读本书的人，每个人都有自己的想法。

　　但是，任何人都不会放弃自己的未来，不会觉得自己的未来有怎样的发展无所谓。

从今天开始，不要再用"否定"逃进"安全的牢笼"了。不能因为上司也是这样做的，就把自己困在"安全的牢笼"里。

如果上司很保守，总是否定自己的想法，那你就找到连上司都认为是安全的、有说服力的方案。

在此过程中，你不仅会收获一个内容十分充实的方案，工作态度也会从"单纯地完成任务"转换到"下功夫认真工作"。

一旦开始否定自己，那么一切的行动也都会停止。

如果你碰到一个总是拼命地用"稳定""安全"来自保的人，可以把他当作一个反面教材来仔细观察，一定会有很大收获。

无论什么时候，都要保持积极的态度，自己的未来需要自己来决定。

以否定新创意来作为安全对策并不难，但这样也无法获得新的发现。

03　收集信息
掌握"不看·不听·不说"的工作原则

　　我的工作守则之一就是"不看·不听·不说"。日本日光地区的"三不猴"非常出名。也许有人觉得这是日本特有的，但其实自古以来，世界各地就已经有了"三不猴"的形象。除了猴子外，还有很多动物或是天使也有"不看·不听·不说"的造型。

　　对于这个"三不猴"的形象一般解释为"对于不当看的不看，不当说的不说，不当听的不听"。在这个解释的基础上我加工了一下，形成一个"新三不猴"。

　　1. 不看：一字不落地看完所有内容，对于不需要的部分做"视而不见状"。

　　2. 不说：无论是多么重要的事情，正确判断状况，"不说"不必要的事。

　　3. 不听：无论是公司内部还是外部的信息和小道消息都

要一个不落地收集起来，做"充耳不闻"状。

也就是说，不是要做到字面意义上的"不看·不说·不听"，而是要在详尽地收集全部信息的基础上，将信息区分成必要信息的和不必要信息。

而且，要根据情况来判断"哪些该说，哪些不说"，这才是真正对自己工作有利的"不看·不说·不听"。

收集的信息越多，就越是对自己有利。不只是直接和工作相关的事情，在人们的闲聊以及流言中也隐藏着很多信息。

无论在哪家公司，在哪种性格的上司手下工作，"不看·不说·不听"的自我管理法都是终极的工作术。

刚刚入职工作不久，就因处理人际关系问题而得到惨痛教训的我不管跳槽到哪家公司，都带着自己办公桌上小小的"三不猴"。每天看看这些小猴子，会给自己带来一些警示，同时给我的工作也带来不少帮助。

> **向"三不猴"学习待人处事的方法，应对各种工作局面。**

⟨04⟩ 风险
为了自身的成长，要勇于面对风险

很多人觉得"风险"这个词不是为了自己，而是为了那些工作上异常出色的极少数人而存在的。

对于像自己这样每天想过安稳的生活的人来说，"风险"一词和自己完全没有关系。没错，一般人都是这样想的。

但是，我现在想向你说明一下冒险的必要性。

风险能够扩大自身的界限。也就是说，一点点地向外界扩张自己的世界。当然，这个过程可能伴随着伤痕或是苦痛。但是，如果日复一日地重复相同的工作，自身也不会发生任何改变，更是无法获得任何成长。

长此以往，自己的部门可能会被撤销，自己的工作也可能被新的员工接替。最糟糕的是，甚至公司都可能会倒闭。

因此无论风险是大是小，请不要害怕冒险，每天逐渐积累新的经验，才能促进自身成长。这种平凡的、不起眼的知识和经历会决定你的未来。

A 所在部门里有一位新人，大家都觉得他"没用"。这位新人做每件事总是要花很长时间思考才开始行动。有时，他不仅需要很长时间才能完成工作，还会不停地提出问题，这不禁会让人觉得有些厌烦。但是在 A 看来，这位新人不只是想熟练掌握上司交代的工作，他还会花时间去思考工作的意义，以及工作的方法。

在观察这位新人时，A 突然想到："会提出问题难道不正是表示他对自己的工作有兴趣？"当发现指导新人的同事已经对他"放弃治疗"时，A 就向上司提出让新人进入自己的团队，上司很惊讶地说："算了吧，他会拖你后腿的。"不过，A 还是坚持自己的主张，他坚信自己的直觉，选择了冒险。

如果失败的话，不仅会浪费自己的时间，还会如上司所说，每天的工作也会被拖后腿，形成很大的负担。并且，如果新人出现了失误，还要帮他收拾残局。但即便这样，A 还是想要挑战一下。

最开始的时候并没有想象中的顺利，连 A 也怀疑是不是自己眼光出问题了。但是 3 个月内，渐渐地开始看见成果了。A 发现这个新人是求知欲非常强烈的员工，像吸尘器一样吸收各种各样的知识。他好问的习惯也正源于此。因此，A 认为这个新人可能适合做收集信息和分析信息的分析师。

A 试着把分析自己的客户或交易商的信息的工作交给他后，新人居然拿出了非常令人惊喜的成果。然后又让他基于分析结果，做出演讲资料，资料的质量也十分高。在这个过程中，新人也非常高兴 A 对他的好评。

从这以后，除了自己的工作以外，A 计划让这位新人负责自己上司乃至整个部门的分析工作。而 A 的团队也因此极大程度地提高了工作效率，A 也被评价为优秀经理。

因为新人出色的工作能力，现在能够精确把握之前没有考虑到大范围的详细问题，顺利结项的项目数量也大幅度增加了。

决定是否要冒险是个人的自由。但是勇于尝试，才能够做到自己来决定自己的未来。

失败了会获得经验教训，成功了则可以收获成果和自信。

勇于冒险才能改变自己的未来。

05 上司的提问
含糊不清的回答是禁忌

　　当自己被上司提问时，有些人觉得不说话一定会被上司训斥，这样不如说一些不清不楚的话糊弄过去，但是这样一来，换来的只有上司的训斥："不知道就说不知道，不要随便回答。"再不就会面对上司更多的提问。

　　正确的做法是对于不知道的事情就如实地回答"不知道"。可能这样会被上司训斥，但根据你回答的方式和接下来的行动，上司对你的态度也会截然不同。不要只是说"不知道"。要记牢下面这种回答方式：

　　"真是十分抱歉，我想详细说明这个情况，希望您稍等 × 分钟。"

　　这句话里包含两个意思，即"抱歉没能马上回答您"和"我现在马上行动，稍后给您看具体的结果"。这不仅是面对上司时可以采取的做法，无论对方是谁，只回答一些模棱两可的内容是极其不符合专业的职场人士的身份的。

上司也不会认为部下是百分百清楚的。因此，当上司向你提出问题时，**除了想要得到答案外，还包含了"如果现在回答不上来，就马上调查一下汇报给我"的意思。**

我曾经经常被上司赶出办公室。回答上司的问题时，一不留神就会加一句"我觉得应该是……"，结果就被上司怒吼道："不要用含糊不清的话来浪费我的时间，滚出去！"

在这位上司不断的训斥中，我彻底得到了锻炼。从那以后，无论遇见什么场合，我绝不允许自己吐露半点不确定的内容。后来，我跳槽到其他公司，那家公司的上司还特别表扬了我这一点，那时候我十分感谢自己之前的那位上司。

当自己内心瞬间出现某个诱惑的声音："姑且随便说点什么敷衍过去吧"，请你马上否定这个想法，诚实地告诉对方自己不知道。

　　不知道并不是一种罪过，重要的是要承认"不知道"这个事实，然后"详细调查，缩小自己'无知'的范围"。

> 无法立刻回答上司的提问时，不要说多余的话，要立刻着手调查。

06 朋友
和"不同"的人在一起反而能拓展思维

从事秘书的工作后，和同类人待在一起的时间是最多的。虽然由于人事调动、跳槽或是换团队，周围的环境会发生变化，但是重新工作一段时间后，这个环境又会变得像之前一样舒服稳定，周围又都是"同类"人。

像这种情况，我建议你最好和"不同"的人多接触、多交流。

理由很简单，**你和同部门、从事类似工作的人在一起确实会觉得很稳定、很舒服，但是长此以往，你们的思维方式或方向就会趋于相同。**

这样就会导致自己无法接触到新的事物和想法，工作氛围也固定了，产生新创意的可能性就会下降。

首先，可以尝试和其他部门的人接触。都是同一个公司的同事，最容易接触。先问问对方的部门主要负责的工作、上司是怎样的人、从上司那里能够学到什么知识，等等。"接触"其实跟地位没关系，可以和上司、同事、部下、晚辈新人搭话，当然和性别也没关系，要多接触不同类型的人。

逐渐适应之后可以扩大范围，多和公司外部的人接触。

另外，如果你的公司与海外有业务来往，或是有海外分公司的话，也可以多尝试和当地的人接触。

你应该可以了解海外分公司的工作方式，外国人对自己国家的看法等，其中有很多东西可以收为己用。

这种新鲜的一手资料就是非常重要的宝物。因为这些信息中隐藏着新的创意，以及对工作非常重要的信息。

工作中最容易掉入的陷阱就是安于现状，让视野和世界变得狭窄。因为这种狭小的视野会让你错过里程碑式的创意，失去能够挽救危机的绝妙方案。

同那些"不同"的人接触，拓展自己的视野和工作的可能性。

07 建立人脉
多与人接触，建立人际关系网

我们经常听到别人强调"人际关系很重要"，但是有很多人不知道如何才能拓展自己的人际关系网。"关系"一词的英语为"connection"，其实就是"联系、连接"的意思。也就是人与人之间的连接。

说到"关系"，并不是只与大人物或是与有利用价值的人建立关系才是重要的。在这里，我举个例子。

Y 是个特别乐于助人的人。有一天，他中午去餐馆吃饭，路上遇到一位女士在街头徘徊，就上前打了声招呼。原来这位女士正好要去 Y 所在的公司拜访一个人，他就返回去把女士领到了自己公司，而且还嘱托前台的人要好好招待这位女士。Y 这样耽误了很多时间，他就直接在便利店买了盒饭回到公司吃。下午又有很多工作需要处理，就完全忘记了那位女士的事情。

后来他才知道，那位女士其实是公司一位高层领导的太太，她特别感激 Y 特意带她来公司，帮她领路。于是这位太太就从前台的口中了解到 Y 的名字，并和自己的丈夫说了这件事。最后，Y 收到了以前根本无法接触到的高层领导发来的一封表示感谢的邮件。

而这位高层领导是一位非常用心培养新人的人。从这件小事开始，这位高层就接触到了 Y，并且对 Y 做事的方法和创意都表示非常认可，然后让 Y 进入新项目的团队。正是因为 Y 这种乐于助人、善于和他人建立联系的品质，让 Y 在不知不觉中和高层建立了关系，并且从中获益。

因此，我们在日常生活中要热情地和别人接触，建立并享受这种关系。首先就从寒暄致意开始吧。在平时就多助人为乐，当自己也遇到困境时，也会获得意想不到的帮助。良好的人际关系并不是擅长社交的人所特有的，和不同的人交流的态度更有利于建立自己的"关系网"。

> **先从寒暄开始，不久你就会发现自己的"关系网"拓宽了不少。**

08 调动·转岗
逃避工作困难的人会在新岗位上遭遇两倍或三倍的困难

工作太辛苦，人际关系太复杂……人们想要辞职的理由多种多样。当然了，我并不是说让大家勉强自己工作，甚至到身心都出问题的地步。如果真是到了这种地步，可以当作是自我挑战，尝试找到条件更好，更适合自己的工作环境。

但是，在这之前，希望你牢记一点：逃避是最后的手段。也就是说，**在你尝试完自己所有能做的事情之后再考虑换部门或是换公司**。我来说明一下这样说的理由。

现在的工作和人际关系都让我感到忍无可忍了！

这时候，你会怎么做？其实任何人的第一反应都是逃避。但是，希望你能鼓起勇气直面这些问题，拼尽全力，尝试各种方法来解决这个困难。

如果是工作方面的烦恼，可以尝试向前辈请教，或者改变工作方法，再或者换个角度重新看待自己的工作，纠正错误，重新发起挑战。感到自己忍受不了复杂的人际关系时，请站在对方的立场上考虑问题，从全局出发，努力改善关系网。

当自己能拍着胸脯说"我努力了，我做了能做的一切"，然后再考虑调动岗位或是跳槽也不迟。

但是，如果你没能做到这点，在你倾尽全力之前，就选择了安稳，那么那条路不过是你的逃亡之路罢了。没有努力，没有反抗的逃亡之路上，会有超过之前两倍、三倍的烦恼在等着你。

一家公司里有一位把几位员工都送进了医院的领导。在她手下工作的人要遭受极大的精神欺凌。最后，大家已经无法忍受，几乎所有人都辞职了。面对这种欺凌，通常会有以下两种反应。

一种是"是可忍孰不可忍"，准备立刻辞职。另一种则会采取各种手段，拼尽全力，尝试做出改变。

也许你会觉得"反正最后都是辞职，这两种做法有什么不一样？"但实际上这两种人在辞职后会呈现很大的不同。那些讨厌工作环境马上就想要逃避的人，在之后的公司里遭遇了相同的事情时，他们依然忍受不了，只好频繁地换公司。

而做出了所有努力和尝试的人会因此而变得更加自信和强大，如果在下一家公司有同样遭遇的话，他们就会想："经历过之前所发生的事情，这种程度我还能忍"，能够采取积极的态度来适应新的环境。

职场中所发生的事其实都是对你的考验。如果没有直面这个考验，没有努力去对抗，就不可能克服它。这与游戏的关卡一样，没有通过这一关，自然就无法进入到下一关。既然如此，就努力应对挑战，争取早日通关。并且通关过程中的经验都会成为你的财富。

　　逃跑是最终的手段，逃跑之前要努力做出一切可能的尝试。如果没有顺利通关人生的某个节点的考验的话，在下一个节点上会遭到更严重的打击。

> **逃跑之前，用尽全力尝试解决问题。这种积极的态度会让你更上一个层次。**

09 工作意识
无论什么时候都不要放弃喜欢的工作

　　如果你对自己现在的工作很满意，觉得工作很有意义，请绝对不要放弃这份工作。我的意思绝不是说你要"死扛着"，而是希望你记得好工作不会因为运气而降临到你身上，自己要积极努力留住这份工作。只要能意识到这一点，工作就会发生质变。

　　工作中从"我被安排去做"到"我主动去做"。显然，后者会比前者的效果更好。公司里的竞争很残酷，只要有人比你厉害，喜欢的工作就立刻会被夺走。

　　我的一个上司经常对部下说："遇到喜欢的工作就要抢过来，抢过来后要牢牢守住。"其实他就是教导我们"好工作不是靠运气就能获得的"。

　　我们把话题的范围扩大一点，假设你已经憧憬一份工作或一个职位很久了，你会因为觉得自己无法胜任就放弃吗？还是尝试着挑战一下呢？你想着反正努力尝试一下也不会损失什么，就主动找上司，找公司内外各种门路，费尽心机，终于抓住了这个机会。

"真不敢相信！我成功了！"那一刻你的心中充满了兴奋与喜悦。

然而，真正的考验从这里才开始。**你一定要拼命地抓紧千辛万苦才到手的工作。**就像虎头狗一样，一旦咬住猎物就绝对不松口，这就是关键。

无论你现在在从事什么样的工作，如果你有自己想做的事情，就朝着它不断前进吧。带着目的去工作才能获得相应的结果。除了自己喜欢的工作外，在生活中不管遇到什么事情都不要放弃自己的目标，坚持"紧咬不放"的虎头狗精神，为自己打气加油。这种"死缠烂打"的精神会激励你不断努力，争取成为能够胜任这个工作的最佳人选。在这个过程中，无论是自己的实力，还是工作效率都会得到长足的提升。

> 用"死咬不放"的虎头狗精神，坚守自己喜欢的工作。

10 评价
考核的是你的工作而不是你的人格

当自己不被认同，得不到上司的好评时，心情一定会比较失落。如果再被批评、被训斥的话，简直就像是遭受了致命一击。这种心情我十分清楚。

但实际上，对待负面评价的态度，会给我们带来很大的影响。

同事 S 有个绝技，那就是无论遭到多么严厉的批评，他都不会意志消沉。秘诀就在于他很清楚无论受到什么样的批评，这些批评并不是在否定他的人格。

负面评价和严厉的批评也只是针对你的工作和行为本身，绝不是在否定你的人格。

即便是遭遇同样的事情，那些总是不停地抱怨，沮丧消沉，仿佛世界末日般的人，其实就是把批评和评价的对象混为一谈了。在面对不好的评价时，请告诉自己："这并不是在说我是废物！"只要能做到这一点，你的心情就不会过于沉重。

现在获得的评价是针对"自己的工作"。弄明白这一点后，就要开始冷静地分析评价的内容。如果有些地方你觉得"确实有道理……"，就毫不犹豫地去改正，这其实也是提升自己的机会。你会发现这些容易让人沮丧低落的批评其实对自己也很有帮助。

但是，当自己冷静下来，仔细思考某些评价的内容，依然觉得是不公正的评价时，一定要找上司说清楚。没有必要生闷气，要诚实地说明自己的想法。认真的上司一定会给你一个详细的解释。

万一上司说一句："你连这个都不知道？"那只能说明这个上司不及格。你没必要把自己的时间浪费在这位不及格的领导身上，让他坏了自己的好心情。只需要老实地说上一句"真是抱歉，耽误您时间了"就足够了。

> 评价只是针对你的工作所做出的反馈，请牢记这一点。

后　记

各位读者朋友们，辛苦了！

不知道你是否顺利完成了这本书中的所有任务？

也许这本书里的一些知识你以前就非常清楚，可能会觉得有些多余。

但是，知识如果不用于实践是毫无用处的，甚至可以说是暴殄天物。

进入职场后，我们总因为很多不熟悉的事情而栽了跟头，有时候会认为自己的能力比周围人差很多，甚至丧失了干劲。

但是，完全没必要感到沮丧！

因为这些不是能力造成的，只是因为你不清楚运用能力的方法。

如果你能读到这里，我相信现在的你一定会和昨天的你截然不同。

剩下的就是将书中的技巧运用到工作上，我相信一定会有效果的。

我希望这本书能成为你做出改变的一个小契机，或是工作迷茫时的应急手册。

工作的确不是做游戏，不可以玩耍享受。

希望大家牢记只要做出一点努力，就能将工作的烦恼、压力减少到最小。

只要改变思考方式，就能扩展出无限的可能性。那些看起来复杂烦琐的事情也会在这个舞台上变得更加有趣。

最后，我要由衷地感谢幻冬舍的杉山先生，他总是充满信心地支持我，也感谢一直帮助我整理书稿的三宅先生。因为有了他们做后盾，我不仅收获了有趣的想法，还收获了写书的好心情。

借此后记，我还要感谢出版咨询公司的桦目老师。桦目老师总是冷静沉着地给我提供很多宝贵的建议，谢谢您。

　　加油！不断完成工作中的任务的战友们！我将永远为你们加油！

出版后记

　　你是否曾经面临过这样的状况：每到星期天晚上，就特别的烦躁，只想呐喊："啊，明天真不想上班！"一到星期一，起床之后觉得瞬间失去了活力；出门上班前开始下起倾盆大雨觉得好烦；在公交车上被挤得喘不过气来；工作到一半突然觉得好困；每天都做相同的工作好无聊；下了班觉得生活毫无乐趣……总之就是不想上班。

　　本书作者 Flanagan 裕美子曾经也有过和大家相似的苦恼。她是一名有着 20 年工作经验的资深秘书，作为行政秘书，她不仅要服务好性格古怪的上司，每天还要不断地处理各种难题、怪题，以及突发状况。面对这样高强度的工作内容，她也曾感到压力过大，甚至丧失工作欲望……但是在这种环境下，她不停地思考这样的一个问题：为什么每天无法轻松地去上班呢？最终她发现，将工作看成是一个角色扮演类游戏，每天的工作就会变成一种有趣的挑战，心情也会变得更加轻松。

在这本书中，作者用风趣幽默的笔触介绍了自己在工作中真实遇到的各种事件，同时也详细介绍了一些秘书的工作技巧，以及解决问题、消除压力的方法。比如，如何推测上司的行动、与上司更好地相处，如何做会议记录，如何管理健康，等等。掌握这些技巧不仅能大大提升你处理工作的效率，还能减轻你的工作压力。

相信读完这本书，一定能让你乱糟糟的心变得平静，改变对工作的看法，充满的正能量！

服务热线：133-6631-2326　188-1142-1266
读者信箱：reader@hinabook.com

后浪出版公司
2019 年 4 月 31 日

© 民主与建设出版社，2019

图书在版编目（CIP）数据

细节的力量：51件你必须知道的职场小事 /（日）
Flanagan裕美子著；贾耀平译. —— 北京：民主与建设
出版社，2019.6
ISBN 978-7-5139-2461-0

Ⅰ.①细… Ⅱ.①F… ②贾… Ⅲ.①成功心理—通俗
读物 Ⅳ.①B848.4-49

中国版本图书馆CIP数据核字(2019)第072042号

细节的力量：51件你必须知道的职场小事
XIJIE DE LILIANG: 51 JIAN NI BIXU ZHIDAO DE ZHICHANG XIAOSHI

出 版 人	李声笑
著　　者	［日］Flanagan 裕美子
译　　者	贾耀平
筹划出版	银杏树下
出版统筹	吴兴元
责任编辑	刘　艳
特约编辑	李雪梅
封面设计	墨白空间·陈威伸
出版发行	民主与建设出版社有限责任公司
电　　话	（010）59417747　59419778
社　　址	北京市海淀区西三环中路10号望海楼E座7层
邮　　编	100142
印　　刷	北京天宇万达印刷有限公司
版　　次	2019年6月第1版
印　　次	2019年6月第1次印刷
开　　本	889毫米×1194毫米　1/32
印　　张	5.5
字　　数	119千字
书　　号	ISBN 978-7-5139-2461-0
定　　价	38.00元

注：如有印、装质量问题，请与出版社联系。